Rafik Davidovich Grigoryan

Conhece-te a ti mesmo: sinergia e antagonismo das células

Rafik Davidovich Grigoryan

Conhece-te a ti mesmo: sinergia e antagonismo das células

ScienciaScripts

Imprint

Cover image: www.ingimage.com

This book is a translation from the original published under ISBN 978-620-2-39638-7.

Publisher:
Sciencia Scripts
is a trademark of
Dodo Books Indian Ocean Ltd. and OmniScriptum S.R.L publishing group

120 High Road, East Finchley, London, N2 9ED, United Kingdom
Str. Armeneasca 28/1, office 1, Chisinau MD-2012, Republic of Moldova, Europe
Managing Directors: Ieva Konstantinova, Victoria Ursu
info@omniscriptum.com

Printed at: see last page
ISBN: 978-620-8-51099-2

Conteúdo

Prefácio

Caro leitor!

Tenho o prazer de recomendar um livro científico popular de um conhecido fisiologista teórico, o Doutor em Ciências Biológicas Rafik Davidovich Grigoryan.

Ao tentarmos compreender o complexo, baseamo-nos no que é conhecido e utilizamos analogias. O corpo humano é um objeto muito complexo. Sabemos que é constituído por diferentes tipos de células. O autor utiliza as propriedades das células para explicar as propriedades do organismo. Esta é a principal novidade do livro.

Os complexos padrões biológicos do corpo humano são apresentados de forma tão lúcida que podem ser compreendidos por uma pessoa distante da biologia. Em vez da descrição padrão de questões de saúde e doença com referência à anatomia, o autor optou por uma estratégia diferente. Ele vê os problemas de saúde como um resultado inevitável e concomitante de uma longa evolução biológica. As principais etapas desta evolução são destacadas: o aparecimento da célula sem núcleo, a célula com núcleo, a forma eficiente do seu fornecimento de energia, o aparecimento de células de diferentes tipos e, finalmente, o organismo multicelular como uma forma de vida fundamentalmente nova. A ontogénese, a vida de um indivíduo, é brevemente descrita.

O método do autor de apresentar conhecimentos modernos de biologia através de diálogos com um perito em inteligência artificial torna o leitor um participante na discussão em direto do material, o que, na minha opinião, ajudará os leitores curiosos com formação técnica a assimilar os conhecimentos apresentados. O autor não só utiliza factos e verdades científicas estabelecidas, como também analisa alguns problemas controversos da biologia e da medicina modernas. Apesar de estar familiarizado com as principais publicações científicas do autor (a lista de monografias é apresentada na última página do livro), algumas interpretações de factos apresentados no livro revelaram-se também novas para mim.

Os fisiologistas propuseram anteriormente conceitos de funcionamento holístico do organismo, mas estes são incompatíveis. No livro recomendado, o autor reduziu os extremos num conceito alternativo. Globalmente, o livro é muito oportuno: pela primeira vez, a fisiologia humana é apresentada como uma consequência da sinergia e do antagonismo de células especializadas. É a compreensão sistémica do organismo que tanto falta na medicina moderna de especializações estreitas.

O livro foi concebido para a pessoa curiosa que quer conhecer os fundamentos e o funcionamento interno do seu corpo. Acredito que o leitor não só aprofundará a sua erudição, como também obterá um verdadeiro prazer com a leitura deste livro.

Membro correspondente da Academia Nacional de Ciências da Ucrânia,
Doutor em Ciências Médicas, Professor V.F. Sagach

Prefácio do autor

O escritor Vladimir Korolenko (1853-1921) cunhou uma frase no seu ensaio "Paradoxo": "O homem nasceu para a felicidade, como um pássaro para voar". No ensaio, um homem nascido sem mãos escreve estas palavras com o pé. Graças a Maxim Gorky, esta frase entrou na consciência pública e tornou-se parte da perceção humanista do mundo. Gostamos de pensar assim, mas seria mais correto dizer que o homem, como qualquer ser vivo, nasce para ser saudável.

É verdade que a maioria das pessoas é saudável durante a maior parte da sua vida. No entanto, é raro não ter passado por estados temporários de doença ou enfermidade. Com a ajuda de um médico, e muitas vezes sem a intervenção do médico, a saúde é restabelecida. Porquê? A resposta curta a esta pergunta é que o corpo tem mecanismos de normalização. Raramente alguém é capaz de responder à questão de saber quais são esses mecanismos e como é que eles surgiram. As respostas exatamente a estas perguntas estão contidas no livro que abriu.

O livro está estruturado sob a forma de diálogos entre um fisiologista e um engenheiro. Tentei transmitir ao leitor as ideias básicas sobre a vida em geral de uma forma acessível e divertida. São considerados os fundamentos da ontogénese, as regras de coexistência das nossas células, o papel fundamental que a energia desempenha no funcionamento dos mecanismos naturais da vida celular. Responde também à questão de saber porque é que, à medida que envelhecemos, a manutenção do estado ótimo das células e das suas populações (colónias) se torna mais difícil e a saúde se torna instável, frágil e cada vez mais fraca.

Há um outro problema humanista, que é o drama da vida inteligente.

Nem os antigos gregos, que criaram o teatro e propuseram os seus principais géneros, nem os dramaturgos posteriores revelaram a fonte do maior drama do universo - a vida humana. E este drama consiste não só e não tanto no facto de cada ser humano ser mortal, mas no facto de, para manter a sua vida, ter de comer outros seres vivos.

A realização deste drama não se deu de uma só vez. Em diferentes fases da civilização humana e em diferentes comunidades fechadas, as proibições alimentares surgiram de forma assíncrona mas consistente. No entanto, o canibalismo ainda hoje é praticado em alguns locais. Mas eu gostaria de me concentrar no problema inerente à vida inteligente. Este problema surge na mente de todos os que, tendo intelecto suficiente, tentam abstrair-se das preocupações quotidianas de proporcionar condições de existência decentes e de obter prazeres das suas diferentes manifestações, e colocam a si próprios uma questão: será que o próprio princípio da vida razoável, baseado nos instintos animais, é fatal?

Todas as tentativas anteriores da humanidade para encontrar uma resposta satisfatória a esta questão ou às suas variações apenas deram origem à religião e à moral, que, ao longo do tempo, sofrendo as suas alterações, regulam direta ou indiretamente a vida pessoal e social de cada um de nós. Tanto a moral como a religião, à sua maneira, explicaram o homem, definiram o seu lugar e o seu papel na natureza, tentaram humanizar o homem-animal. Mas estas tentativas não reflectiam de modo algum as verdadeiras razões da combinação, no homem, da sua moralidade com instintos claramente animais. As raízes deste dilema permaneceram invisíveis até ao aparecimento da teoria da evolução. Mas para a maior parte da sociedade, a evolução permaneceu um conceito especulativo sem relevância direta para o homem. Só quando se tornou claro que os corpos de todos os organismos macroscópicos, incluindo nós, são constituídos por um grande número de células microscópicas especializadas e que toda a vida na Terra se situa na mesma árvore genética, é que os cientistas começaram a procurar as causas profundas da saúde e da doença nos genes, nas propriedades destas células e nos padrões da sua interação. A ciência já ultrapassou uma certa parte do caminho para a revelação das regras individuais das células, mas ainda há muito trabalho a fazer para as compreender plenamente.

No livro que vos ofereço, tentei explicar como o nosso corpo evoluiu evolutivamente, quais as propriedades celulares básicas que determinam a nossa fisiologia e porque é que por vezes ficamos doentes.

Gostaria de me debruçar sobre o aspeto da mundividência do livro.

Uma vez que a ciência e a própria visão científica do mundo estão a evoluir, vou começar de longe.

Com a invenção do telescópio, o conhecimento observacional da humanidade sobre os corpos celestes aumentou drasticamente. O telescópio tornou possível detetar objectos no espaço próximo que a sensibilidade limitada do olho humano nos impedia de ver. Graças ao facto de os telescópios modernos terem tornado visível também a radiação para além da gama visível das ondas electromagnéticas, foram revelados muitos mistérios da física das estrelas. A recente extensão dos telescópios ao espaço exterior constituiu um novo avanço observacional para os astrofísicos. Mas, por mais avançados que sejam os instrumentos de observação, os cosmólogos não se limitam às medições: utilizam estes dados para criar modelos matemáticos e especulativos da evolução do cosmos. Foi graças a estes modelos que surgiu a teoria do Big Bang e que a ciência conseguiu explicar não só os processos

de formação das estrelas, mas também a origem dos elementos químicos da tabela de Mendeleev.
A invenção do microscópio tornou possível ver objectos inacessíveis à nossa visão devido ao seu pequeno tamanho. O microscópio é um instrumento indispensável para os biólogos. Estes viam as células e os pormenores individuais da sua estrutura interna com os seus próprios olhos. O poder de resolução dos microscópios electrónicos modernos permite distinguir não só os polímeros e as macromoléculas biológicas. As moléculas e os átomos já estão disponíveis para observação.
Dir-se-ia que, munidos de tais tecnologias de observação da organização estrutural dos seres vivos, os biólogos e os médicos deveriam ter descoberto há muito tempo as regras e as leis que determinam a coexistência das células especializadas do corpo humano. No entanto, um organismo é um sistema muito complexo de células especializadas. Um microscópio sozinho, por mais perfeito que seja, não consegue compreender este sistema. Por conseguinte, ainda não existe conhecimento com a ajuda do qual seja possível efetuar um diagnóstico precoce preciso de doenças complexas, a sua prevenção eficaz, bem como um tratamento fiável.
O que é que se passa?
Na minha opinião, a questão é que não existe uma compreensão correta dos dados acumulados. Por outras palavras, não existe uma teoria adequada da vida de um organismo multicelular.
É preciso criar uma teoria. Mas uma teoria não pode ser construída apenas com base em factos dispersos, mesmo que sejam muitos. O valor de uma teoria que se limita a reproduzir apenas as observações conhecidas é reduzido. Uma tal teoria teria apenas valor didático.
Há necessidade de uma tal teoria, com a ajuda da qual seria possível prever novos factos, substituir estudos empíricos dispendiosos e muitas vezes inseguros por cálculos em modelos matemáticos quantitativos. A boa notícia é que os computadores modernos são um instrumento eficaz para o investigador. É na resolução de problemas biológicos com a ajuda de experiências de modelização e simulação que me dedico há mais de quatro décadas. Foram publicados muitos artigos científicos e seis monografias.
Há muito tempo que andava a planear escrever um livro popular. O acaso ajudou.
Um velho amigo meu, que trabalha há muito tempo em inteligência artificial nos EUA e na Alemanha, abordou-me recentemente com um pedido interessante. Disse-me que o seu chefe, também especialista em inteligência artificial, o tinha chamado há alguns meses e lhe tinha dado uma tarefa

completamente nova e inesperada - criar um modelo matemático para investigar a relação entre a inteligência humana e os seus mecanismos fisiológicos. Disse também que o chefe queria iniciar um novo projeto de investigação a longo prazo, para cujo apoio financeiro parecia haver patrocinadores. Mas eles exigem uma apresentação sobre o funcionamento do corpo humano de uma forma compreensível. Também estão interessados em saber se é possível olhar de novo para os problemas de saúde e oferecer tecnologias fundamentalmente novas para a prevenção, diagnóstico e tratamento de doenças não triviais, bem como para retardar o processo de envelhecimento.

Percebi, pelas palavras do meu amigo, que todas as suas tentativas de compreender os princípios do corpo humano através da leitura das publicações científicas existentes não tinham levado a nada de bom. Pelo contrário, só o deixaram furioso: as publicações ou explicavam tudo de forma muito popular, com ênfase na anatomia óbvia dos órgãos, ou estavam cheias de termos, cuja essência ou relação ele não conseguia compreender. Em geral, um beco sem saída....

Perto do fim, o meu amigo disse o seguinte:

- Em primeiro lugar, sei que faz modelação da circulação humana. Até me lembrei das nossas conversas recentes sobre o facto de ter apresentado novas perspectivas sobre a fisiologia humana e publicado várias monografias. Bem, quem melhor para pedir ajuda do que tu. Ponha-se no meu lugar. Ajude-me.

Percebi a lisonja, claro, mas mesmo assim perguntei-me....

Eu próprio tinha o desejo e os motivos para escrever sobre a minha ciência de uma forma popular. Em primeiro lugar, convenci-me de que a base científica da medicina moderna é bastante frágil e muitas vezes assenta em mitos. Em segundo lugar, após o colapso da URSS, a antiga visão materialista do mundo foi-se desgastando. Na sociedade floresceram todos os feiticeiros e xamãs que, por muito dinheiro, estão dispostos a enviar qualquer doente infeliz em segurança para o outro mundo. As suas possibilidades financeiras permitem-lhes ganhar tempo para fazer publicidade nos ecrãs de televisão e nos jornais. Num curto espaço de tempo, conseguiram confundir tanto as pessoas com os seus ritos mágicos medievais e teorias obscurantistas que, mesmo entre os meus colegas académicos, alguns dos quais biólogos de formação, há muitos que, como dizem, "enlouqueceram".

Este livro não é sobre religião e não tenho qualquer desejo de atacar as crenças religiosas profundas de ninguém. No entanto, creio que só os cientistas podem opor-se à deriva da ciência para o labirinto escuro da religião e da magia. Esta deriva é evidente - vi a Bíblia e os ícones no

gabinete de um médico-académico, conheço outros académicos, anteriormente materialistas convictos, mas agora baptizados e crentes na existência de mágicos, de vida sobrenatural, de céu e inferno, de demónios e anjos. Estou convencido de que estas invenções dos nossos antepassados incultos não têm lugar no mundo académico.
Por vezes, entrei em diálogo com alguns dos cientistas crentes de hoje, tentando compreender as razões desta deriva de consciência e a lógica dos novos pontos de vista. No entanto, o quadro geral era deprimente: muito rapidamente o interlocutor parecia deixar de ser um participante no diálogo, e um brilho frio e distante aparecia nos seus olhos. Os factos e os argumentos que eu apresentava saltavam sem atingir as profundezas da consciência do interlocutor. Talvez fosse a idade dessas pessoas. Na velhice, o cérebro fragmenta-se, tentando não perder o fio da narrativa, agarra-se a palavras e conceitos individuais que lhe parecem familiares. Mas esse cérebro já não é capaz de perceber uma imagem unificada e multifacetada do mundo. Por isso, na cabeça dessas pessoas, as fronteiras entre o possível e o impossível são ténues. O crivo da lógica tem grandes buracos: tudo é possível.... Mais de uma vez, ao ver um quadro tão deprimente, fiquei convencido de que os factos e a lógica não conseguem romper o muro de betão da fé!
É frequente ouvir-se dizer que a ciência se afasta dos fenómenos incómodos. A ciência não tem de ter respostas prontas para todas as questões. Não se compromete a interpretar rumores e os chamados factos duvidosos. Na minha opinião, o mais importante na ciência é que ela, enquanto método de conhecimento, permite separar a classe de fenómenos possíveis dos impossíveis. O movimento progressivo da ciência dá esperança de que os fenómenos, hoje inexplicados, acabarão por encontrar a sua explicação lógica.
Como cientista, vejo que a única maneira de impedir a propagação do obscurantismo é através do esclarecimento. O esclarecimento deve ser dirigido àqueles cujas mentes ainda conservam, pelo menos, algumas bolsas de raciocínio lógico e cujas sementes de conhecimento têm hipótese de germinar. Acredito que a espinha dorsal dos meus leitores são pessoas curiosas, em primeiro lugar, aqueles que receberam uma educação matemática ou técnica e que se opõem interiormente ao obscurantismo.
As minhas anteriores tentativas de escrever um livro popular sobre a forma como o nosso corpo assegura a nossa saúde e as origens das doenças não transmissíveis revelaram-se difíceis para os leigos. Desta vez, pareceu-me que, ao responder ao pedido de um amigo, talvez conseguisse resolver o meu próprio problema. Então pensei...

Durante a conversa pelo Skype, o meu amigo disse que ia tirar duas semanas de férias em breve e que viria ter comigo ao vivo para falar comigo. Fiquei contente e prometi-lhe dar uma resposta definitiva quando ele chegasse.

A partir desse momento, fiquei em contemplação.....

Por um lado, queria ajudar o meu amigo. Por outro lado, duvidava que conseguisse explicar-lhe os meus pontos de vista sobre a vida de forma a que se tornassem a sua visão do mundo. Afinal de contas, só nesse caso ele seria capaz de transferir esses pontos de vista para uma terceira pessoa. A questão era agravada pelo facto de muitos pormenores do funcionamento do organismo serem ainda desconhecidos para mim. Eu só tinha chegado intuitivamente a algumas generalizações lógicas de grande bloco. Embora os novos dados empíricos que estou a recolher de várias publicações científicas reforcem a minha confiança na validade da minha teoria, a sua prova experimental exigirá muito tempo e novas técnicas experimentais.

No entanto, decidi aceitar o caso e informei logo o meu amigo. Eu tinha uma condição.

Pedi-lhe que se preparasse para me ouvir durante uma semana, talvez um pouco mais. Pedi também que tudo fosse gravado num gravador para que, antes da conversa seguinte, ele pudesse ouvir novamente e assinalar as partes que não entendesse bem.

Ele concordou. Tivemos treze conversas. A seguir, apresento uma cópia adaptada do material áudio.

Um amigo encarregou-se de traduzir um texto escrito para inglês. Já sei que esse texto foi estudado pelo supervisor do meu amigo. Ele ficou satisfeito com o texto. Isto dá-me razões para acreditar que, finalmente, numa primeira aproximação, a minha tarefa de escrever um livro popular sobre as minhas ideias acerca do funcionamento do corpo foi cumprida com sucesso. Por isso, aventurei-me a publicá-lo, acrescentando apenas um prefácio.

Espero que os leitores interessados, pelo menos os que estão próximos do pensamento da engenharia, possam também retirar informações úteis deste livro.

Estou grato a Tatiana Ludovik pelos conselhos úteis e pela edição do manuscrito. As eventuais incorrecções são da minha responsabilidade.

Envie os seus comentários e sugestões para o seguinte endereço eletrónico: rgrygoryan@gmail.com -

12.06.2018 г.

CAPÍTULO 1

Conversa um

Introdução. O corpo é uma comunidade de células especializadas

células

- Para compreender o funcionamento de um mecanismo natural tão complexo como o organismo humano, é necessária uma visão correta do mundo. A sua pedra angular é a aceitação do facto da evolução. E não apenas a evolução biológica, mas também a evolução do universo.

Os escolásticos formularam o problema do ovo e da galinha. No quadro da lógica simples, este problema permaneceu insolúvel durante muito tempo. No entanto, a solução veio do outro lado - com a teoria da origem das espécies de Charles Darwin. Verificou-se que nem a galinha nem o ovo surgiram numa forma completa, mas são o resultado da evolução de formas anteriores de reprodução.

Infelizmente, muitas pessoas associam a palavra "evolução" apenas à teoria de Darwin. Aqueles que não aceitam esta teoria são, de facto, opositores não só desta teoria biológica, mas também da evolução em geral. Entretanto, tudo o que nos rodeia é o resultado da evolução e continua a evoluir. Aqueles que estudaram filosofia estão familiarizados com a afirmação de Hegel de que as contradições internas são a fonte do movimento e do desenvolvimento. Traduzindo esta afirmação para a linguagem das ciências naturais, é fácil ver que a estática só pode ser temporária, quando a soma vetorial de todas as forças actuantes é igual a zero. No entanto, os processos têm inércia. Por isso, nada pode permanecer no ponto de equilíbrio durante muito tempo.

Com a descoberta da lei da conservação da energia, tornou-se claro que a energia pode ter diferentes formas. As suas transformações mútuas não podem ser eternas se não houver uma fonte externa que reponha as porções de energia gastas. Esta é a essência de todos os processos cíclicos. Eles são conhecidos na física e na química. As transformações bioquímicas fundamentais baseiam-se neles. Mesmo o tão conhecido ato cíclico da contração cardíaca não seria possível se o potencial de repouso e a excitabilidade não fossem restaurados nas células do miocárdio durante a diástole (a fase de relaxamento do músculo cardíaco). Este processo de restauração contra os gradientes naturais de concentração e electroquímicos entre o citoplasma e o fluido extracelular é mantido porque a célula utiliza macroergias especiais sintetizadas previamente. A vida, desde as suas origens até ao nosso aparecimento, utilizou várias fontes de energia externa disponíveis para apoiar energeticamente os processos cíclicos internos. Mas seria errado concentrarmo-nos apenas na evolução biológica. Caso contrário, cria-se a ilusão de que a natureza criou o mecanismo da evolução com o objetivo de nos criar a nós, seres pensantes.

A inteligência não é a única ou a mais importante conquista da evolução. Há muito tempo que as formas de vida existem e se reproduzem com sucesso sem inteligência. Os dinossauros que dominaram o planeta durante cerca de 150 milhões de anos não eram dotados de inteligência. Mas tinham outras vantagens na luta pela existência. O crocodilo mostra um modelo ainda mais perfeito do animal: diferentes espécies de crocodilos eram anteriores à era dos dinossauros, coexistiram com eles e sobreviveram à catástrofe do final do período Jurássico, que exterminou todos os grandes exemplares de dinossauros. É verdade que um ramo diferente dos dinossauros, que hoje conhecemos como aves, também sobreviveu a esta catástrofe e adorna a fauna moderna com as suas plumagens e formas coloridas. Além disso, criaturas sem intelecto continuam a viver ao nosso lado e ao lado de outros animais com diferentes níveis de inteligência. A evolução dotou-os de mecanismos suficientes para sobreviverem às alterações do seu ambiente. Muitas espécies de protozoários sobreviveram a mais do que uma catástrofe biológica.

Foi estabelecido que, em todas as grandes mudanças geológicas conhecidas, as espécies mais complexamente organizadas desapareceram primeiro. Não há razão para acreditar que somos uma exceção. Até à data, a nossa inteligência não nos pôs a salvo nem de ameaças catastróficas externas nem de ameaças internas associadas à nossa natureza animal. A moral e a religião só parcialmente atenuam as contradições civilizacionais. Mas mesmo a moral e a religião evoluem, embora essa evolução tenha diferentes forças motrizes internas.

Atualmente, sabemos que mesmo os elementos químicos da tabela de Mendeleev são o produto de uma longa evolução da matéria, da sua forma energética original. Embora o conhecimento que os físicos têm desta substância original seja apenas hipotético, a ciência estabeleceu, no entanto, o momento em que tudo começou. E começou há cerca de 13,8 mil milhões de anos, com a expansão de uma forma de matéria muito densa e misteriosa (pramatéria). É por vezes considerada como uma forma especial de plasma.

A ciência estabeleceu que, à medida que o espaço se expandia e o plasma arrefecia, os gluões e os quarks foram-se formando gradualmente, formando mais tarde a base dos electrões e dos protões. A interação dos protões com os electrões deu origem ao átomo de hidrogénio. Muitos átomos de hidrogénio formaram-se no espaço. A gravidade foi engrossando as nuvens de hidrogénio e, a uma certa densidade, a temperatura local aumentou de tal forma que se começaram a formar estrelas e os seus sistemas unidos pela gravidade.

Numa estrela, as forças de expansão actuam contra a gravidade. Esta última é um subproduto da temperatura, que aumenta durante as reacções de fusão nuclear. Enquanto estas duas forças estiverem em equilíbrio, a estrela é estável. As reacções de fusão nuclear de elementos químicos vão até à formação de um átomo de ferro. Os átomos mais maciços da tabela de Mendeleev requerem uma energia mais intensa para serem sintetizados. Esta surge na fase seguinte do ciclo de vida de uma estrela. Quando toda a reserva inicial de hidrogénio se esgota, o equilíbrio de forças opostas acima referido é quebrado. A gravidade assume o controlo, a estrela é comprimida de forma desenfreada e, à medida que os átomos de matéria se aproximam, a sua temperatura e pressão aumentam rapidamente. A estrela explode, tornando-se brevemente numa estrela supernova. Neste processo, formam-se vários elementos químicos mais pesados do que o ferro. (A contracapa do livro apresenta as principais etapas da evolução do nosso universo e da vida na Terra. A colagem é feita a partir de imagens adaptadas retiradas da Internet).

A partir da estrela que explodiu, estes elementos químicos são dispersos no espaço e misturados com os átomos de hidrogénio existentes. A densidade da matéria nestas nuvens não está distribuída uniformemente. A gravidade é mais forte nos locais de maior densidade. Formam-se aí aglomerados de matéria, cujo processo de concentração continua a uma velocidade crescente. Qualquer choque externo (por exemplo, a onda de choque de outra explosão de supernova) inicia a formação de uma nova estrela. Esta é já uma estrela de segunda geração. À sua volta, formam-se planetas a partir de uma parte da matéria atómica.

Portanto, há um planeta, há elementos químicos. Numa certa convergência destes elementos, começa a química - os elementos individuais, combinando-se, formam compostos químicos.

Recordo que a química é a generalização dos electrões nas orbitais exteriores dos átomos constituintes das moléculas. Qualquer reação química de fusão requer energia.

Gostaria de chamar a vossa atenção para o facto de que, de acordo com a segunda lei da termodinâmica, sem fornecimento de energia, todas as estruturas se degradam com o tempo. Isto aplica-se a todas as macromoléculas biológicas. Estas estão constantemente a decompor-se em componentes mais pequenos. Qualquer estrutura biológica constituída por tijolos - macromoléculas - só pode existir durante muito tempo se as macromoléculas forem ressintetizadas a um ritmo adequado ao ritmo da sua desintegração. Esta posição fundamental da bioquímica como uma espada de Dâmocles ameaça a existência de cada uma das nossas células e do organismo como um todo.

- Espera um minuto. Porque a segunda lei da termodinâmica aplica-se a todo o espaço. Como é que a vida contornou essa lei?

- A vida é um fenómeno local. A energia necessária para a construção de macromoléculas biológicas complexas é retirada do ambiente local mais próximo.

- Como é que ela foi lá parar?

- Essa é uma boa pergunta! No caso da vida terrestre, a fonte primária de energia é o Sol. Mas a ciência acredita que a transição da química para a biologia, ou seja, o surgimento da vida, está de alguma forma ligada à acumulação de energia externa sob a forma de ligações químicas. A sua quebra fornece ao ambiente intracelular local a energia necessária e suficiente para realizar todas as formas de trabalho contra a segunda lei da termodinâmica. Em particular, para a formação de estruturas celulares mais complexas a partir de componentes bioquímicos.

Noto que a ciência ainda não sabe como se formou a primeira célula. E voltaremos muitas vezes à questão da energia. A questão da energia e das forças motrizes é fundamental não só para compreender a biodinâmica. Continua a ser fundamental também na física, quando estudamos a dinâmica de objectos mecânicos e electromagnéticos. Estou convencido de que o papel da energia no organismo ainda não foi totalmente elucidado.....

Seja como for, um marco importante na evolução biológica foi o facto de um representante primitivo da vida (que se crê ser um organismo arcaico chamado cianobactéria, ou bactéria verde-azulada) ter sido a primeira célula a dominar a reação química de conversão da energia da luz solar em macromoléculas especiais - os hidratos de carbono. Estas moléculas armazenadas servem depois como fonte de energia intracelular.

A biologia moderna não pode especular de forma evidente sobre se esta célula precursora da vida na Terra se formou a partir dos elementos químicos do nosso planeta ou se o seu local de nascimento não é a Terra. As cianobactérias não têm núcleo, mas têm uma série de caraterísticas notáveis que desempenharam um papel fundamental na sua existência e na minha. Em primeiro lugar, é de notar que as cianobactérias produzem um subproduto durante o seu metabolismo: o oxigénio. Durante muito tempo, na Terra primitiva, o oxigénio foi um veneno para os microrganismos.

As cianobactérias não têm mitocôndrias. Uma mitocôndria é uma organela das nossas células que, entre outros ingredientes, utiliza o oxigénio para sintetizar moléculas especiais - acumuladores de energia. São também chamadas macroergases. A mais poderosa delas é a molécula de ácido adenosina trifosfórico (ATP). Mais tarde falaremos mais sobre ela. Para já, apenas referimos que o ATP é um fornecedor universal de energia em todas as nossas células, bem como em todos os *eucariotas* (células com núcleo) e organismos multicelulares.

- De onde veio a gaiola?

- Há um debate permanente na biologia sobre este assunto. Sabe-se que todas as formas de vida têm por base a célula. Não se sabe como é que ela surgiu. Uma das hipóteses é que ela tenha surgido em condições favoráveis na Terra, num ambiente aquoso rico em macromoléculas. Há também a hipótese da panspermia. Segundo ela, a idade da Terra não é suficiente para que a química dê origem à biologia. A hipótese da panspermia sugere que a vida sob a forma de um organismo unicelular foi trazida para a Terra do espaço exterior com objectos muito mais antigos do que a Terra.

Seja como for, sabe-se que no nosso planeta coexistem muitas espécies de organismos unicelulares com muitas espécies de organismos multicelulares. De acordo com as ideias modernas baseadas na genética, todos os objectos biológicos na Terra pertencem a uma única árvore da vida. E a própria vida, enquanto fenómeno único que se mantém há cerca de quatro mil milhões de anos, deve uma importante capacidade de se reproduzir por divisão (*mitose).*

Quero interromper aqui o meu resumo da evolução da vida e fazer uma observação importante sobre o que é uma célula.

Uma célula é uma determinada área isolada do espaço, no interior da qual tem lugar um processo específico e auto-sustentado de síntese de organelos especializados, cujo funcionamento coordenado permite retirar energia e substâncias químicas de construção do exterior e processá-las para fornecer três funções básicas da vida: 1) crescimento; 2) reprodução por mitose (divisão); 3) resposta a estímulos externos. A totalidade das reacções químicas no interior da célula é resumida pelo termo *metabolismo.*

Os processos cíclicos auto-sustentados também ocorrem na física e na química.

- Sim, uma vez li sobre a reação de Belousov. Pelo menos, lembro-me que ele observou como um líquido muda espontaneamente de cor de forma cíclica. Li até que Alan Turing, que todos conhecemos como teórico dos computadores, escreveu um livro especial em que explicava os padrões nos corpos dos animais através de processos aleatórios semelhantes à reação de

Belousov. Por fim, li também que o processo de formação de cristais é considerado por alguns especialistas como um precursor da vida.
- Fico contente por estares tão consciente. Mas gostava de voltar para a jaula.
A célula está estruturalmente separada do espaço exterior pela membrana celular. Esta é permeável a pequenos elementos químicos, água e iões, mas impermeável a moléculas químicas relativamente grandes. A membrana possui mecanismos especiais constituídos por proteínas. Estes têm duas posições: aberta e fechada. Na posição fechada da porta da membrana, a parte interna (protoplasma com organelos flutuantes) contém tudo o que é necessário para manter o metabolismo da célula.
De um modo geral, existem dois tipos de células - sem núcleo (*procariotas*) e com núcleo (*eucariotas*). As nossas células pertencem aos eucariotas. Mas algumas células (por exemplo, as células sanguíneas) no estado adulto estão privadas de um núcleo.
O núcleo de uma célula contém o aparelho hereditário - o ADN. No ser humano, o ADN é constituído por cerca de 25.000 genes. Todo o ADN está fragmentado em partes desiguais sob a forma de cromossomas. Nós temos 23 pares de cromossomas (ou seja, 46 cromossomas).
O número de cromossomas não tem nada a ver com a complexidade da organização de um objeto biológico. Para confirmar esta ideia, darei apenas alguns exemplos. O maior número de cromossomas encontra-se no animal marinho invertebrado radiolaria - 1600, na planta feto existem 1200. O mais pequeno - numa espécie de formigas (dois na fêmea, um no macho). O número de cromossomas numa ervilha (foi nela que Gregor Mendel descobriu as leis da hereditariedade) é 12, no arroz - 54, num gato - 38, num cão - 78, numa vaca - 120. Os nossos parentes mais próximos, chimpanzés e gorilas, têm 48, e os macacos têm 42.
Ao nível do ADN, as diferenças genéticas entre pessoas diferentes são 10 vezes mais pequenas do que as diferenças entre humanos e chimpanzés. As diferenças genéticas entre homens e mulheres devem-se à presença do cromossoma Y nos homens. Este contém apenas 86 genes (o cromossoma X contém entre mil e um milhar e meio de genes).
Sem ofensa para nós, homens, diz-se que as mulheres têm 15-20% mais massa cinzenta (neurónios) no cérebro. Embora a massa cerebral das mulheres seja geralmente mais pequena do que a dos homens, a pontuação de inteligência, determinada em testes psicológicos, não é inferior. É que o cérebro da mulher contém mais elementos activos num volume mais pequeno. Mas os homens têm duas outras vantagens: mais matéria branca e líquido intracerebral. A substância branca, os cabos inter-neuronais. -

permitem uma melhor distribuição das tarefas entre as diferentes partes do cérebro. O líquido intracerebral, contido nos ventrículos do cérebro, amortece as pancadas na cabeça. Os nossos antepassados precisavam mais desta qualidade do que tu e eu!

Assim, o número de cromossomas indica o caminho evolutivo percorrido, em vez de refletir a complexidade organizacional de uma criatura. Esta afirmação é tanto mais válida quanto a maior parte dos genes das espécies, incluindo os nossos, não são activos, ou seja, não codificam proteínas. As discussões sobre o papel evolutivo dos genes silenciosos continuam sem parar.

- O que são doenças mitocondriais e porque é que só são transmitidas através da linha materna?

- Ia falar sobre as mitocôndrias noutra altura. Mas como a pergunta já foi feita, vou responder-lhe.

As mitocôndrias são organelos que contêm os seus próprios genes. Na célula sexual masculina, o espermatozoide, há muito poucas mitocôndrias, e elas servem apenas para dar ao espermatozoide a energia necessária para nadar até ao óvulo, torcendo o seu motor de cauda. Mas o óvulo tem uma grande quantidade de mitocôndrias. No processo de formação de todas as células especializadas do corpo a partir de um ovo fertilizado (*zigoto*), bem como em todos os actos subsequentes de mitose, as mitocôndrias herdadas do ovo são pré-duplicadas e transferidas para a célula filha. Isto é o que diz respeito à essência da herança genética mitocondrial.

Antes de abordar as doenças mitocondriais, permitam-me que mencione um curioso estudo genético realizado após a descodificação do genoma humano no início do século XXI. O estudo envolveu pessoas de ambos os sexos, de todas as raças e grupos étnicos. Descobriu-se que toda a humanidade atual é descendente de uma mulher (a que se chamou Eva mitocondrial), que viveu na África Central cerca de 200 mil anos antes de nós. Isto também implica que as doenças mitocondriais, que aparecem apenas em certos grupos étnicos, são o resultado de mutações tardias.

- Curioso, havia um Adão com cromossoma Y?

- Sim, ele viveu. De acordo com os últimos dados, viveu cerca de 338.000 anos antes de nós.

- E ainda mais engraçado: Eva e Adão genéticos viveram em épocas diferentes.

- É preciso entender isto da seguinte forma: todos os homens vivos hoje têm uma versão do cromossoma Y, cujo análogo mais antigo foi encontrado nos genes de um homem que viveu cerca de 338 000 anos antes de nós. É claro que os filhos da chamada Eva mitocondrial obtiveram o seu cromossoma masculino de um homem que viveu no seu tempo.

Agora as doenças.

As doenças mitocondriais são causadas pela presença de mutações nas mitocôndrias. São conhecidas cerca de cinco dezenas de doenças deste tipo. Todas elas são direta ou indiretamente causadas pelo facto de os genes mutantes das mitocôndrias prejudicarem a sua função principal - a síntese aeróbica de moléculas de ATP.

- Já está.

- Vamos continuar a falar das nossas células.

É importante que nos lembremos de outro número: existem 220 tipos de células no corpo humano. Um tipo de célula é a sua especialização. Por exemplo, toda a gente sabe que temos células nervosas (neurónios), células musculares *(miócitos), células* do fígado *(hepatócitos*), vários tipos de células da pele, células ósseas e outras. Todas estas células são formadas a partir do óvulo inicial - fecundado - do organismo mãe. No corpo humano adulto, o número de células é estimado em dezenas de triliões. Por outras palavras, cada tipo de célula forma uma população (por vezes é utilizada a palavra *"colónia") de* células irmãs.

Para além das nossas próprias células, que partilham um genoma comum, existem cerca de dez vezes mais microrganismos estranhos no corpo e na sua superfície. De facto, a relação entre as nossas células e as células não humanas é tal que o corpo humano não consegue sobreviver durante muito tempo sem a maioria dos micróbios estranhos. Isto deve-se principalmente ao facto de a grande maioria dos micróbios (cerca de 1,5 kg) se encontrar no intestino e, ao digerir os alimentos que ingerimos, convertê-los em *nutrientes* (nutrientes) que são bons para nós. Outros microrganismos que habitam a pele do nosso corpo protegem-nos dos ataques de bactérias nocivas. Em suma, somos o produto de uma simbiose entre o nosso genoma e o genoma total milhares de vezes superior dos nossos protectores. Compreender esta simbiose é um pré-requisito para compreender os mecanismos da saúde e da doença.

- Uau! E os meus pais médicos ensinaram-me a combater os germes. Continuo a ter medo dos germes. Então a higiene está errada?

- A resposta é sim e não. As perturbações na diversidade da microflora intestinal conduzem a uma digestão ineficaz e a um fornecimento inadequado de vitaminas de todos os tipos. São os micróbios intestinais que produzem a maior parte das vitaminas. A ciência ainda não consegue identificar com exatidão todos os efeitos dos distúrbios digestivos, mas foram estabelecidas algumas cadeias causais. Pensa-se que o aumento acentuado do número de doentes com várias formas de alergias pode dever-se a uma higiene pessoal excessiva. Isto não significa, obviamente, que se deva descurar a higiene. Mas também não há necessidade de ser demasiado zeloso.

- Bem, assustaste-me imenso.

- Muito bem, vamos limitar-nos a esse conjunto de conhecimentos por hoje. Creio que já receberam informação suficiente para reflectirem. Continuaremos desta vez amanhã.

- Obrigado. Está combinado.

CAPÍTULO 2

Discussão dois

Ontogenia

- Então, aprendeste o que ouviste ontem?
- Penso que sim. Embora o tema fosse tão vasto que eu nunca teria reduzido estes fenómenos a uma espécie de quadro unificado. Mas suponho que tem uma espécie de visão da ligação comum e filosófica entre as estrelas e a vida. É bom que não estejamos a falar dos disparates da astrologia e das interações energia-informação que estão na moda hoje em dia. Como pessoa que se formou num instituto de física e engenharia, não suporto esses disparates.
- Então vamos continuar. Hoje quero esclarecer-vos sobre a ontogénese.
- O que é que é isso?
- Em geral, este termo designa o desenvolvimento individual de um organismo, ou seja, o conjunto das sucessivas transformações morfológicas, fisiológicas e bioquímicas sofridas por um organismo desde a fecundação até ao fim da vida.

A ontogenia humana começa com o momento feliz em que um dos milhões de espermatozóides (as células masculinas mais pequenas), depois de ter ultrapassado todos os obstáculos no caminho para o óvulo (a maior célula do organismo feminino), atravessou a sua membrana, chegou ao núcleo e transferiu para ele os seus 23 cromossomas. Ao fundir os cromossomas masculinos com os 23 cromossomas maternos não emparelhados, forma-se *um zigoto*. No núcleo do zigoto, formam-se 23 pares de cromossomas. Estes contêm quase toda a informação que estará presente em todas as células do futuro organismo.

- Porquê "quase"? A informação genética não está toda contida no núcleo?
- Não é tudo. Há uma pequena parte do ADN que é transmitida à geração seguinte exclusivamente pela mãe. Esta parte do ADN está contida na mitocôndria do óvulo. A mitocôndria contém pouco mais de 37 genes. Mas mesmo estes genes fazem a diferença. A propósito, há uma série de doenças hereditárias, cujos portadores são precisamente genes mitocondriais.

A palavra *"mitocôndria"* deve ser dita com o maior respeito. Sem mitocôndrias, não existiria você e eu. É difícil imaginar a vida multicelular em qualquer das suas variações sem elas.

- O que é que eles fazem na gaiola que torna o seu papel tão importante?

As mitocôndrias são frequentemente designadas como as subestações de energia da célula. A mitocôndria merece esta caraterização porque sintetiza moléculas de ATP, cuja decomposição liberta energia. Precisamos dela para muitas coisas, desde manter a célula viva até assegurar a nossa termorregulação.

- Porque é que usas as palavras *"mitocôndrio"* e *"mitocôndria"*? Existem muitas?

- Sim. Cada célula tem muitas mitocôndrias, desde algumas unidades até centenas ou mais. O número de mitocôndrias numa célula está correlacionado com a taxa de gasto de energia. As mitocôndrias também variam em tamanho.

Falaremos mais do que uma vez sobre as mitocôndrias e as moléculas que elas sintetizam. Agora gostaria de falar sobre a origem das mitocôndrias.

A hipótese mais comum é a de que as mitocôndrias foram outrora organismos microbianos independentes. A sua caraterística distintiva foi que, em resultado de uma mutação, aprenderam a utilizar o oxigénio nas reacções de síntese de ATP. Antes disso, já existia uma forma de sintetizar ATP a partir da glucose no citoplasma da célula. Este método é chamado glicólise anaeróbica (ou seja, sem oxigénio). Mas a sua eficiência é baixa - apenas duas moléculas de ATP a partir de uma molécula de glicose. Mas as mitocôndrias utilizam o produto da glicólise - o ácido pirúvico - e, numa cadeia de transformações sucessivas com a participação do oxigénio, criam mais 32 moléculas de ATP.

- A gaiola é 17 vezes mais potente?!

- Exatamente! Como homem com formação em engenharia, deve compreender que um tal salto na capacidade energética significou muito. Energia é potência, potencial.

Agora imagine que esse micróbio, o antepassado da mitocôndria, foi engolido por outra célula. Esta não o digeriu, mas houve uma troca inteligente de genes entre elas. E parte dos genes do micróbio entrou no núcleo da célula que o engoliu, e cerca de 40 genes ficaram a trabalhar apenas nesse micróbio-mitocôndrio.

- Posso interromper-vos por um momento? Quer isto dizer que algum produto geneticamente modificado que comamos poderia replicar o percurso desta mitocôndria e introduzir o seu genoma nas nossas células?

- Já percebi. É uma preocupação bastante comum. O facto é que o nosso sistema digestivo não passa grandes moléculas biológicas como os genes. Ele quebra-as em fragmentos que não representam uma ameaça.

Voltemos ao oxigénio. É digno de nota que, antes do aparecimento do micróbio mutante, o oxigénio era um veneno para todos os tipos de células anaeróbias. E muito oxigénio já tinha sido libertado para a atmosfera pelos organismos azuis-verdes. Assim, a mutação produziu um organismo para o

qual o oxigénio deixou de ser um veneno e passou a ser um ingrediente útil para o fornecimento de energia interna. Que ziguezague de evolução!
Acredita-se que foi esta linha celular que mais tarde deu origem a um novo tipo de organismos - os organismos multicelulares. Afinal, para a formação de uma tal comunidade de células e a sua sobrevivência num ambiente agressivo, a energia extra é uma enorme vantagem competitiva. O homem é apenas um entre centenas de milhões de organismos deste género.
- Estou a perceber. O que está a dizer é que a evolução não é estúpida para recusar uma tal aquisição.
- Fico contente por ouvir essa conclusão.
Voltemos à ontogénese. Note-se que, na ontogénese humana, há dois períodos - perinatal (o embrião forma-se no útero) e pós-natal (durante o resto da vida). A ontogénese é frequentemente contrastada com a filogenia - as mudanças lentas que um organismo sofre durante a evolução de uma espécie. A evolução filogenética pode durar centenas de milhões de anos.
Gostaria de vos esclarecer sobre algumas das questões da embriogénese inicial e rever *a gastrulação.*
- Porque é que eu preciso de saber isso? É assim tão importante?
- Penso que sim. Já ouviu falar de células estaminais, não ouviu?
- Eu sei, já ouvi falar. Até já li algumas. Chamaram-lhes células estaminais porque há uma certa analogia entre uma árvore de especialização celular e uma árvore comum. A partir de um tronco comum, os ramos ramificam-se e crescem. Assim parece ser o caso das nossas células. Mas parece-me que tudo isto está de alguma forma longe do quadro geral das nossas discussões. Corrijam-me se estiver errado.
- Não que esteja assim tão errado, mas penso que o que lhe vou dizer servirá para formar uma visão correta do mundo.
- Desculpa, mas esqueci-me da palavra que disseste. Algo como erva...
- A propósito, não é uma analogia que soe mal: gastrulação - panela. Algo da cozinha. E estamos a falar da cozinha da vida, onde se cozinha o prato "embrião". Assim seja, memorizarás, associando a gastrulação às palavras cozinha e panela.
Quero mostrar-vos uma imagem que representa esquematicamente as fases da gastrulação (Fig.1).
A gastrulação é o processo de formação de três camadas de células de diferentes especializações *(lençóis germinativos).* A gastrulação nos seres humanos ocorre em duas fases. A primeira fase é por divisão celular e a segunda fase é por migração celular.
Durante a primeira fase, formam-se dois folhetos germinativos (ectoderme e

entoderme), dois órgãos provisórios (âmnio e saco vitelino - não representados na Fig. 1). Imediatamente antes do início da primeira fase, dá-se a formação dos seguintes elementos
do órgão provisório, o precursor da placenta.

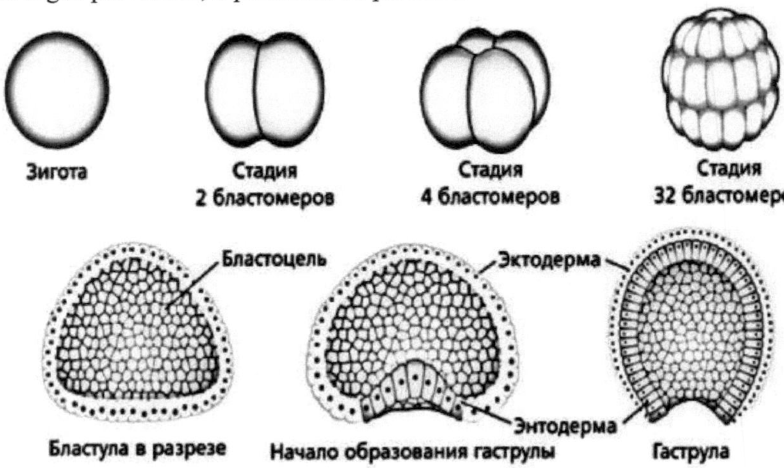

Figura 1. Gastrulação: fases de transformação do zigoto em células precursoras a partir das quais se formam as células humanas especializadas.

- Tudo isto é, evidentemente, interessante, quanto mais não seja pelo facto de a natureza ter resolvido um problema tão complexo sem inteligência. Mas, na minha opinião, ao criar um organismo artificial, não é necessário copiar todas as etapas naturais.
- Não pretendo de modo algum dizer que tudo terá de ser repetido. Nós temos formação básica em engenharia e sabemos que as soluções naturais nem sempre são as melhores. Queria apenas mostrar-vos que a especialização celular é um processo sequencial. Até agora, analisámos os passos iniciais simples. Afinal, a seguir, estas células têm de formar órgãos. Eu diria
alguns deles só funcionam com uma determinada sequência de construção de uma dúzia de variedades de células. Os locais onde se formam podem ser diferentes. Mas as células migram e, de alguma forma, encontram um local de reunião. Os embriologistas dispõem apenas de informação observacional sobre estes fenómenos, mas os seus mecanismos permanecem um mistério. Talvez, a partir daqui, possamos fazer a ponte para os fenómenos sobre os quais tencionava informá-los. Apenas noto que, mais tarde, este caminho irá fornecer-vos informações adicionais sobre a estrutura dos cromossomas.
Seja como for, lembrem-se de um pormenor da imagem da Figura 1: o zigoto

produz novas células pelo método da fragmentação. Voltaremos a esta caraterística um pouco mais adiante.
Já dissemos que o nosso corpo contém 220 tipos de células. Todas elas são descendentes de um único óvulo fertilizado e formaram-se durante a embriogénese. Embora todas as células do corpo sejam portadoras do mesmo conjunto genético, cada célula especializada tem a sua própria parte de genes funcionais.
Além disso, provavelmente já ouviu ou leu que os especialistas já são capazes de inverter o processo de especialização celular, ou seja, podem fazer uma célula estaminal a partir de qualquer célula adulta especializada. Afinal de contas, uma célula estaminal é uma célula em todas as fases iniciais da sua especialização, ou seja, as células estaminais são de diferentes tipos, o principal é que não deve ser uma célula finalmente diferenciada.
As células estaminais dividem-se em vários grupos:
Células estaminais *totipotentes*. Podem diferenciar-se em células de tecidos embrionários e extra-embrionários organizados como estruturas tridimensionais ligadas entre si (tecidos, órgãos, sistemas de órgãos, organismo). As células formadas durante os primeiros ciclos de divisão do zigoto são também totipotentes.
As células estaminais *pluripotentes* são descendentes das células estaminais totipotentes e podem dar origem a quase todos os tecidos e órgãos. A partir destas células estaminais, desenvolvem-se três camadas germinativas: ectoderme, mesoderme e entoderme.
As células estaminais *multipotentes* dão origem a células de diferentes tecidos, mas a diversidade dos seus tipos está limitada aos limites de um único folheto germinativo. O ectoderma dá origem ao sistema nervoso, aos órgãos sensoriais, às secções anterior e posterior do tubo intestinal e ao epitélio cutâneo. A partir da mesoderme formam-se a cartilagem e o esqueleto ósseo, os vasos sanguíneos, os rins e os músculos. A membrana mucosa do intestino, bem como o fígado, o pâncreas e os pulmões são formados a partir da entoderme humana.
Existe também uma distinção entre células *oligopotentes* (podem diferenciar-se apenas em alguns tipos de células semelhantes) e células unipotentes (células imaturas, que, em rigor, já não são células estaminais, uma vez que podem produzir apenas um tipo de célula). São capazes de auto-reprodução múltipla, o que as torna uma fonte a longo prazo de células de um tipo celular específico e as distingue das células não estaminais. No entanto, a sua capacidade de auto-reprodução está limitada a um determinado número de divisões, o que também as distingue das verdadeiras células estaminais.

- Vou ter dificuldade em lembrar-me destes termos, mas o meu entendimento é que à medida que nos afastamos do início do processo de diferenciação (ou seja, do tronco), o potencial para formar grupos de células especializadas diminui. Estou correto?
- Sim, é isso mesmo. Hoje em dia, já existem clínicas que utilizam a tecnologia das células estaminais para diversos fins. Gostaria de chamar a vossa atenção para uma particularidade da ontogénese: os nossos órgãos são formados a partir de uma das três folhas embrionárias. Grosso modo, alguns órgãos são mais semelhantes nas caraterísticas das suas células do que outros. Esta caraterística é importante para compreender as reacções fisiológicas de órgãos relacionados a um determinado grupo de substâncias biologicamente activas endógenas ou exógenas.
- Está a dizer, estou a exagerar, que um medicamento pode afetar um grupo de órgãos e outro pode afetar outro grupo de órgãos?
- Sim, é mais ou menos isso.
Mas gostaria de chamar a vossa atenção para uma peculiaridade aparentemente estranha da embriogénese. Pelo menos, eu próprio fiquei muito surpreendido quando li pela primeira vez sobre o assunto. Trata-se dos mecanismos exactos que transformam uma célula básica não especializada - ou seja, um óvulo fertilizado - numa célula estaminal especializada. Costumava pensar que existia um programa rígido de ADN que dizia a cada célula aquilo em que se devia tornar. Acontece que isso acontece de uma forma muito diferente.....
Está a dizer que não existe uma predeterminação genética?
- Exatamente.
- Então porque é que se chama ao ADN um programa?
- Boa pergunta! Eu posso explicar. Penso que há duas razões para isso. A primeira é o pensamento por analogia. Trata-se de um grande número de empréstimos. Há uma deriva do conceito original, estritamente definido no âmbito de uma ciência (no nosso caso, a informática) para outros domínios da ciência. O segundo é o desconhecimento da essência. Tentamos sempre explicar um fenómeno desconhecido com a ajuda de um fenómeno conhecido, baseando-nos em sinais de semelhança. Só com o tempo, quando os detalhes do fenómeno se tornam claros, procuramos uma palavra mais apropriada para ele.
- Apesar de o ter dito de uma forma florida, percebo a sua linha de pensamento e penso que estou de acordo consigo.
No entanto, ainda não me ocorreu que não tenho necessidade de conhecer tais subtilezas. Talvez venha a aperceber-me disso mais tarde. Com esta

esperança, estou pronto a ouvir, diz-me.

- A dizer-vos.

Já comparei o espermatozoide e o óvulo em termos de tamanho e disse que o óvulo é a maior célula do corpo da mulher. Em termos absolutos, o diâmetro do óvulo é de cerca de 110-180 µm. Pode ser visto mesmo sem um microscópio. A maioria das células humanas tem um milésimo do volume ou um centésimo do diâmetro de um óvulo.

Devido ao tamanho do óvulo fecundado, nas fases iniciais do desenvolvimento do embrião, todas as alterações se reduzem apenas à divisão do material original em duas partes iguais. Assim, sem pausas para o crescimento (e esta fase do ciclo normal de divisão celular é bastante longa e consome muita energia), o óvulo fecundado pode dividir-se em duas células, depois em quatro, oito, dezasseis, trinta e duas e mais, sem apoio material externo. Tudo o que é necessário está disponível no óvulo.

Este tipo de fragmentação do embrião sem consumir energia adicional para manter a divisão celular é muito importante porque o embrião ainda não tem qualquer ligação especial com o organismo materno a partir do qual a nutrição possa ser fornecida. Isso só acontecerá mais tarde, quando a estrutura de comunicação necessária estiver instalada.

Neste ponto, devemos mencionar: no processo de fragmentação, todas as moléculas contidas no citoplasma são distribuídas de forma quase uniforme entre as novas células filhas. Mas cada uma das células só será viável se receber todos os 46 cromossomas da célula-mãe.

- Mas só existem 46 num óvulo fertilizado.

- Sim. É por isso que a duplicação do ADN (replicação) ocorre antes de cada fragmentação do ovo.

Quero fazer aqui uma inserção importante, relativa ao método utilizado pela natureza para construir um novo organismo dentro de outro.

Os embriologistas e outros biólogos notam a diferença notável entre a forma natural de criar um novo organismo e as tecnologias desenvolvidas pelo homem para conceber algo artificial. Tudo o que é artificial requer um criador que tenha uma planta do objeto a criar. Além disso, nas fases intermédias da montagem, o objeto não funciona. O seu funcionamento só é possível depois de todos os elementos do projeto terem sido criados e montados num todo. Por exemplo, mesmo um candeeiro de mesa não brilha até que todas as suas partes estejam montadas de uma determinada forma e esteja ligado à rede eléctrica.

O caso de um organismo vivo é completamente diferente: ele cria-se gradualmente a si próprio. Isto significa que a estrutura montada numa determinada etapa deve funcionar imediatamente de forma a garantir a continuação da auto-montagem.

- Espera! Mas eu tenho duas perguntas fundamentais. Uma, qual é a fonte de energia que o mantém a funcionar? A segunda é de onde vem a informação sobre o que fazer a seguir?

- Estas perguntas não surgiram apenas na tua cabeça. Os biólogos também as colocaram.

A resposta à primeira pergunta era muito mais simples do que a segunda. Nas fases iniciais do desenvolvimento do embrião, o óvulo é a fonte de energia, e depois tudo o que é necessário vem do corpo da mãe através da placenta.

Durante muito tempo acreditou-se que a informação passo a passo para a auto-montagem do embrião era lida a partir do ADN. Acontece que não é esse o caso.

O facto é que, em todas as fases sucessivas da fragmentação do embrião, até que cada célula atinja o tamanho aproximado das futuras células especializadas do corpo, todas as células recém-criadas são geneticamente idênticas.

- Então a questão é natural: sem instruções do ADN, como é que cada célula sabe em que célula se deve especializar - para se tornar uma célula nervosa ou uma célula muscular, uma célula óssea ou uma célula dos rins, do fígado, de outros órgãos e tecidos?

- A questão é que a identidade genética não significa uma identidade total das condições de vida das diferentes células embrionárias. Verificou-se que a especialização de uma célula é determinada pelo lugar que ocupa no embrião. Uma coisa é quando se situa na região central do embrião e está rodeada de células semelhantes, e outra coisa bem diferente é quando se encontra no lado exterior de uma colónia de células.

Neste último caso, a célula é afetada, do exterior, por forças mecânicas geradas pelas propriedades elásticas da membrana externa do óvulo e, do interior, por forças mecânicas contrárias das células irmãs. Estas duas forças não se equilibram exatamente uma à outra. É esta assimetria de forças mecânicas que é crucial para que alguns genes do genoma sejam activados e outros não.

- E o que significa a palavra "ativado" neste contexto?

- Os genes activos participam na síntese de proteínas. Os genes passivos não se manifestam neste caso. Mas sabe-se que, sob um certo número de condições físicas e químicas, um gene pode mudar o seu estado de passivo para ativo ou vice-versa. Portanto, a resposta à tua pergunta é a seguinte: um gene anteriormente silencioso começa a participar na síntese de proteínas.

Para compreender a relação entre as forças mecânicas e a ativação de partes específicas do genoma, precisamos de informações adicionais sobre a molécula mais importante e conhecida de todos os organismos - o ADN. Por isso, vamos interromper temporariamente a descrição da embriogénese e aprofundar um pouco mais a genética.

As semelhanças entre os filhos e os pais são conhecidas há muito tempo. Era intuitivo que algo era herdado pelos filhos. Mas o quê e como?

A experiência de cultivo de plantas selvagens e de domesticação de diferentes espécies animais conduziu a certas regras de seleção. Percebeu-se que ambos os progenitores desempenham o seu papel na formação das caraterísticas da descendência.

Já no início do século XIX, o botânico francês Jean Baptiste Lamarck, querendo explicar o facto de os organismos estarem bem adaptados às condições de vida, formulou a ideia de que as caraterísticas úteis adquiridas pelos pais durante a sua vida são herdadas nas gerações seguintes. A obra de Charles Darwin, A Origem das Espécies por Meio da Seleção Natural, publicada em 1859, defendia uma ideia alternativa. Note-se que Darwin não sabia quase nada sobre os padrões de hereditariedade. Os seus apoiantes e seguidores tentaram encontrar explicações para as observações de Lamarck do ponto de vista da teoria de Darwin. Para o efeito, era necessário descobrir quais são as leis da hereditariedade e quais as estruturas portadoras de hereditariedade.

As primeiras leis da hereditariedade só foram identificadas e formuladas em 1865 pelo botânico austríaco e monge agostiniano Gregor Mendel. Ele fê-lo observando a forma como as caraterísticas externas das ervilhas são herdadas ao longo das gerações. Teve sorte neste aspeto porque, como referi há pouco, devido ao pequeno número de cromossomas (Mendel não sabia nada sobre eles!), as ervilhas têm regras de hereditariedade relativamente simples. Infelizmente, os resultados dos esforços científicos de Mendel permaneceram quase desconhecidos durante muito tempo. Só 35 anos mais tarde é que as leis da hereditariedade de Mendel foram redescobertas.

O zoólogo alemão August Weismann aderiu inicialmente ao lamarckismo. Mas a teoria de Darwin sobre a evolução das espécies pareceu-lhe mais convincente, pelo que reflectiu longamente sobre o problema da transmissão de caraterísticas hereditárias à descendência e chegou à conclusão de que devia haver portadores naturais dessas caraterísticas. Weismann começou por mostrar o significado biológico geral da mitose e o papel fundamental do aparelho cromossómico na divisão celular. Provou que devem existir unidades de hereditariedade e chamou-lhes *ids*. Na verdade, ele estava a referir-se aos genes. Só muito mais tarde, quando o biólogo americano E. Wilson confirmou as observações de Weismann sobre a atividade dos cromossomas, se tornou óbvio que Weismann tinha razão.

Por esta altura, a genética tinha sido retomada por Thomas Morgan, um biólogo de investigação estabelecido. Morgan confirmou que os cromossomas eram os portadores materiais da hereditariedade. Morgan foi galardoado com o Prémio Nobel da Fisiologia e Medicina em 1933 pela sua descoberta do papel dos cromossomas na hereditariedade. Sendo um cientista honesto, Morgan não só encontrou o trabalho de Mendel, como também reconheceu a sua prioridade na genética.

A genética tornou-se uma ciência experimental em plena expansão. É raro não ter ouvido falar da Drosophila. Estas moscas tornaram-se um dos temas preferidos dos geneticistas por três razões. Em primeiro lugar, as drosófilas reproduzem-se rapidamente. Esta qualidade é importante se um investigador quiser ver os efeitos das suas manipulações numa série de gerações de animais. Em segundo lugar, as drosófilas têm apenas quatro cromossomas. Por último, a criação de drosófilas é pouco dispendiosa. Reproduzem-se com sucesso na presença de frutos maduros.

Graças às moscas drosófilas, não só foram estabelecidas as regras de herança de caraterísticas nas gerações seguintes, como também se tornou claro que existe um portador material da hereditariedade. E este está concentrado nos cromossomas do núcleo da célula. A sua pesquisa continuou durante muito tempo. Entre outros candidatos ao papel de portador de informação hereditária, uma curiosa molécula, o ácido desoxirribonucleico, figurava entre os primeiros candidatos. Também conhecido como ADN. Mas a forma exacta como a informação podia ser transmitida de pais para filhos continuava a ser um mistério.

O primeiro resultado significativo foi obtido depois de se ter estabelecido que a molécula de ADN é uma dupla hélice de moléculas de ARN. Além disso, as junções entre um par de moléculas de ARN podem ser de um de quatro tipos. Em 1953, este facto levou James Watson e Francis Crick, que viram uma imagem de raios X de um fragmento de uma molécula de ADN, a uma hipótese que explicava o procedimento de transferência de informação hereditária no processo de reprodução das moléculas de ADN. Acreditavam que, numa primeira fase, as moléculas que serviam de pontes de ligação entre os pares de ARN eram quebradas e formavam-se duas moléculas de ARN. Uma vez que foi encontrada uma correspondência clara de emparelhamento entre estas duas moléculas, cada uma delas tornou-se uma matriz na qual o par de moléculas de ligação em falta podia ser montado. Por outras palavras, o processo de cópia da molécula de ADN original teve lugar e foram produzidas duas moléculas de ADN em vez de uma. Sabe-se agora que esta ideia não era totalmente correta. De facto, o ARN é formado durante um processo chamado transcrição, ou seja, a síntese de ARN na matriz de ADN, realizada por enzimas especiais - RNA polimerases. Os RNAs matriciais (mRNAs) participam depois num processo chamado tradução. A tradução é a síntese de proteínas na matriz de ARNm com a participação de ribossomas. Isto assegura que, durante a mitose (a divisão de uma célula-mãe em duas células-filhas), cada nova célula recebe um conjunto completo de instruções sobre como criar a célula-filha seguinte.

Sabe-se que a hipótese de Watson e Crick foi rapidamente confirmada. Juntamente com Maurice Wilkins, receberam o Prémio Nobel pela sua descoberta em 1962. Mas, como acontece frequentemente na ciência, o processo de hereditariedade das caraterísticas genéticas revelou-se mais complicado do que se imaginava, de acordo com o modelo de dupla hélice de Watson e Crick.

Recorde-se que o ADN está presente em todas as células, mas esta molécula está fragmentada em várias partes de comprimento desigual e está concentrada nos cromossomas. O número de cromossomas em cada espécie de organismo é diferente. Como já foi referido, no ser humano este número é de 46 (23 cromossomas emparelhados). Em cada divisão celular (mitose), a célula filha recebe um conjunto completo de cromossomas.

A meiose, a formação de células sexuais, também é digna de nota. Os biólogos concordam que é graças à reprodução sexual, na qual os genes de ambos os progenitores são baralhados, que a evolução das espécies se acelerou dramaticamente e a diversidade das espécies aumentou muitas vezes. A principal diferença entre a meiose e a mitose é que apenas são formados cromossomas não emparelhados. Por isso, uma célula sexual não pode dividir-se por si só. Para o fazer, tem de se fundir com outra célula sexual da sua própria espécie para formar uma combinação completa de cromossomas emparelhados.

As proteínas são os elos básicos de construção e funcionamento das estruturas e processos de suporte da vida. São constituídas por aminoácidos. Estes últimos são sintetizados no interior de cada célula de acordo com instruções escritas no ADN. Para ler estas instruções, é necessário ter acesso a elas.

O código genético é uma forma de codificar a sequência de resíduos de aminoácidos nas proteínas utilizando uma sequência de nucleótidos num ácido nucleico. Existem quatro ácidos nucleicos: adenina, guanina, timina e citosina. Os nucleótidos são complexos nucleósidos e compostos de ácido fosfórico.

Na introdução já foi dito que nem todos os genes do genoma humano estão activos, ou seja, são capazes de se expressar. O facto é que o ADN não é a única estrutura dos cromossomas. Para ilustrar o lugar do ADN num cromossoma, utiliza-se normalmente uma imagem semelhante à da Fig. 2.

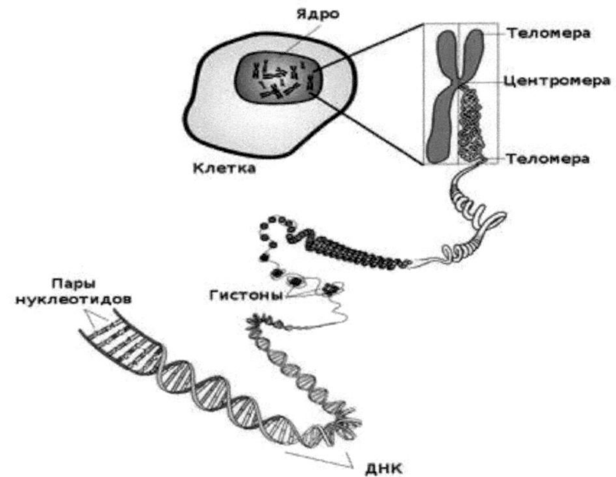

Figura 2. Disposição do cromossoma e do ADN.

Cada molécula de ADN é revestida por histonas - proteínas nucleares especiais. As histonas desempenham duas funções principais: a) embalam as cadeias de ADN; b) participam na regulação epigenética dos processos nucleares de transcrição, replicação e reparação. Não vou entrar em pormenores. Como se pode ver na imagem da Fig. 2, na

No código genético de quatro dígitos, as "letras da hereditariedade" (*adenina, guanina, timina* e *citosina*) estão localizadas entre as cadeias de ARN constituintes do ADN. É importante saber que, das quatro "letras da hereditariedade" acima referidas, as ligações de pares entre as cadeias de ARN só se formam desta forma: adenina-timina; guanina-citosina (*princípio complementaridade*). É por esta razão que cada cadeia de ARN serve de matriz para a reparação da molécula de ADN.

- E porque é que demorou tanto tempo a descodificar o genoma humano?

- Não só tempo, mas também dinheiro. Não vou nem posso alongar-me sobre todos os problemas deste projeto internacional. Apenas notarei que as "palavras" de "letras" podem ter um comprimento arbitrário e que não há intervalos entre as "palavras" no genoma. No momento em que se começou a trabalhar neste projeto, o número potencial de genes humanos foi estimado em mais de cem mil. Este número baseava-se no número de proteínas então conhecido e no conceito de "um gene - uma proteína". Como se veio a verificar, este conceito está errado. O número de proteínas conhecidas já ultrapassa as 200 mil, e muitos genes, muitas vezes localizados em cromossomas diferentes, participam na codificação de cada proteína. Mas há outro problema intrigante na genética.

Se o nosso desenvolvimento fosse determinado apenas por um genoma com quatro componentes diferentes, seríamos todos praticamente iguais. O epigenoma são as instruções sobre como controlar o genoma. O epigenoma é responsável pela ativação e desativação de certos genes e pela programação do ritmo de envelhecimento das células. Se cada célula lesse todos os seus genes e sintetizasse todas as proteínas possíveis ao mesmo tempo, o organismo não seria capaz de funcionar. As células herdam não só o seu genoma mas também o seu epigenoma. Em sentido figurado, diz-se que o epigenoma cria a gramática que estrutura o texto da vida.

O neurofisiologista e epigeneticista Peter Spork afirma: "Mude o seu estilo de vida e dará início a uma cadeia de alterações bioquímicas que, subtil mas progressivamente, o ajudarão a si e talvez a todos os seus descendentes para o resto das suas vidas na Terra. Embora esta afirmação soe como o que todas as religiões do mundo prometem, ela tem uma base biológica rigorosa.

Os genes podem ser comparados ao "hardware" do computador e a epigenética ao "software" do organismo. A epigenética é a ciência que estuda as alterações na atividade dos genes que não afectam a sua estrutura. A epigenética pode explicar como o ambiente pode afetar a ativação e desativação dos nossos genes. Ratos de laboratório geneticamente idênticos receberam alimentos diferentes durante a gravidez. Os ratos nascidos de mães que comiam alimentos com bioaditivos eram saudáveis e castanhos, enquanto os ratos privados desses alimentos nasciam amarelos e doentes. Estas alterações afectaram ainda mais a vida dos animais: a má nutrição desligou alguns genes que determinam a cor da pelagem e a resistência a doenças. Os genes dos embriões no momento da alimentação já estavam formados e não foram afectados - portanto, outra coisa foi afetada.

Como é que os seres humanos se adaptam ao seu ambiente a longo prazo? Anteriormente, a ciência conhecia apenas dois extremos - a evolução, que demora milhares de anos, e as alterações hormonais, que actuam muito rapidamente. No entanto, surgiu um mecanismo intermédio no meio - os interruptores epigenéticos. São estes que moldam a nossa adaptação ao ambiente e funcionam a longo prazo, mesmo que não entrem novos sinais na célula. É por isso que a alimentação materna ou as experiências da primeira infância podem influenciar o resto das nossas vidas.

Mas não se deve pensar que o epigenoma é um sistema absolutamente imóvel. Uma pessoa é capaz de alterar as propriedades do seu organismo, tanto para melhor como para pior.

A influência do ambiente e do epigenoma tem sido mais bem investigada nas abelhas e nas formigas. As abelhas desenvolvem-se inicialmente como larvas idênticas. Na altura em que emergem dos ovos, a natureza ainda não decidiu qual delas será a companheira e qual será a abelha operária. Três dias após a eclosão, as larvas das futuras rainhas são alimentadas com geleia real por abelhas amas, enquanto as larvas das abelhas operárias são alimentadas com pólen e néctar comuns. A alimentação altera o epigenoma. Isto foi provado em 2008 por investigadores australianos: conseguiram que as mães abelhas não tivessem geleia real, apenas manipulando interruptores epigenéticos. Agora, as formigas. As maiores de todas - as soldados - são trezentas vezes maiores do que as jardineiras que tratam dos cogumelos. Apesar destas diferenças, todas estas formigas são irmãos e irmãs. A temperatura e a humidade do local onde a larva de formiga se desenvolve é o fator decisivo que determina a sua futura "casta". O epigenoma suscetível da formiga, ao ler os sinais ambientais, liga diferentes genes e a formiga desenvolve-se de uma das formas possíveis.

- Deixe-me fazer-lhe mais uma pergunta. As suas explicações sobre os genes não estão de acordo com as ideias que retirei da literatura sobre algoritmos genéticos. Se me pudesse esclarecer, como é que os genes funcionam de facto?

- Compreendo a tua confusão. Vou tentar dizer-lhe o que está errado.

O senhor deputado e eu estamos a construir uma base de conhecimentos de natureza físico-técnica. Claro que há nuances. O senhor tem mais formação em matemática e tecnologia informática. Eu, por outro lado, conhecendo as noções básicas de conceção de computadores, li depois mais sobre a forma como os cientistas da física e da matemática tentaram compreender os princípios da vida. Refletir sobre esta informação levou-me a uma inferência curiosa: mesmo os cientistas físicos mais dotados e bem treinados têm uma visão muito, muito simplista da vida. Para a maioria deles, os pormenores não têm importância. Eles querem princípios. Newton, com os seus princípios matemáticos de filosofia natural, é um excelente exemplo disso. O problema é que a natureza, e sobretudo a vida, não funciona com princípios. A diversidade e a confusão reinam aí. Além disso, dois mecanismos que, de facto, são antagonistas, podem coexistir num mesmo organismo até ao fim do tempo. Se as condições ambientais lhe permitirem sobreviver e produzir uma descendência viável, transmitirá essa construção ilógica do ponto de vista da razão à geração seguinte. Os médicos são frequentemente confrontados com este tipo de mal-entendidos: nalgumas condições, um medicamento ajuda, noutras pode até ter consequências infelizes.

- Concordo consigo em geral. Mas não vejo sequer uma pista sobre a razão pela qual as ideias dos especialistas em algoritmos genéticos, que funcionam com tanto sucesso nas modernas tecnologias de inteligência artificial, não revelam a verdadeira essência do trabalho dos genes. Por favor, como se costuma dizer, mais perto do corpo, Professor.

- Está bem. Deixem-me lembrar-vos que os genes estão no núcleo de cada célula. É aí que eles trabalham continuamente. É este trabalho que mantém a célula viva face às influências destrutivas estocásticas. Lembrem-se disto, mais tarde falarei sobre como os genes regulam a vida da célula. Para já, deixem-me explicar que os algoritmos genéticos não têm nada a ver com o trabalho de cada segundo dos genes em cada uma das nossas células. Os algoritmos matemáticos chamados algoritmos genéticos apenas reflectem o conhecimento dos autores sobre o mecanismo de evolução baseado em mutações aleatórias e na herança das caraterísticas parentais pela descendência. Isto aplica-se apenas às células germinativas. Os outros 218 tipos de células não têm nada a ver com isto.

Então, como é que o genoma celular regula o estado da célula? Esta questão muito interessante ainda está, em grande parte, sem resposta. Tentarei explicar nos meus dedos o que é mais ou menos claro.

Já dissemos que a especialização celular resulta do facto de, nos diferentes tipos de células, só funcionarem ativamente fragmentos únicos (sítios) de ADN. Existe um conceito de expressão génica. Esta pode ser maior ou menor. No caso extremo, quando a expressão é nula, o local não funciona. Os especialistas já sabem que a concentração de certos compostos químicos no citoplasma pode afetar (ativar ou inibir) o nível de expressão de certos genes. Este mecanismo de feedback químico negativo permite regular a influência nas cadeias bioquímicas e a concentração de agentes químicos semelhantes (factores de adaptação, reguladores) no citoplasma na zona próxima dos valores ideais. É de notar que a vida quotidiana de uma célula em condições de concentrações flutuantes de nutrientes, produtos da atividade vital, faz com que interfira constantemente com a atividade de certos genes. As falhas neste mecanismo desencadeiam uma cadeia de transformações, que são frequentemente as causas internas de doenças não triviais. Mais adiante, explicarei como a incapacidade destes mecanismos de autorregulação celular é compensada por mecanismos adicionais que integram muitos órgãos e sistemas do nosso corpo.

CAPÍTULO 3

Terceira conversa

Sistemas funcionais multicelulares

- Esperemos que já tenha uma ideia geral de como se forma a diversidade de células que nos constituem.

- Não posso dizer que tudo se tornou transparente, mas é muito mais claro do que antes da conversa. Não percebo muito bem porque é que existe uma variedade tão grande de células. Afinal, um simples cálculo de todas as combinações possíveis de 220 células dá um número que é muitas vezes superior ao número de átomos do universo! Uma complexidade insondável! Afinal de contas, sabemos que no coração de um dispositivo técnico tão complexo como um computador estão apenas três elementos lógicos - "E", "OU" e "NÃO". Bem, juntemos-lhes o elemento com base no qual a memória é construída - temos quatro. Mesmo se acrescentarmos a esta contagem os elementos físicos que suportam a entrada e saída de informação, ainda assim, comparado com o nosso organismo, o computador parece um objeto muito simples. Será que ainda estamos tão longe da natureza nas nossas tecnologias?

- O facto de as nossas realizações técnicas em termos de complexidade estarem muito longe da complexidade dos objectos vivos, mesmo de organismos muito mais primitivos do que o nosso, é um facto que deve ser aceite e compreendido. Talvez a sua perceção emocional deste facto seja também causada pelo facto de as palavras "neurónio", "rede neuronal", "dispositivo inteligente" aparecerem com muita frequência na literatura técnica do seu sector profissional. Isto dá aos matemáticos e aos engenheiros uma falsa ideia dos verdadeiros neurónios e das suas redes.

Gostaria de chamar a atenção para o facto de que um dos famosos membros do casal Watson e Crick, que descobriu a dupla hélice do ADN, Francis Crick, se envolveu mais tarde em problemas cerebrais e dirigiu durante muito tempo um instituto de investigação no Canadá. Recordo-vos que ele era um físico de formação. E, como físico, laureado com o Prémio Nobel, pensava que o cérebro era apenas um órgão que os fisiologistas e os psicólogos não conseguiam compreender, mas que a mente poderosa de um físico acabaria por quebrar os mitos frequentes. E o que é que você pensa? Depois de meio século a estudar o cérebro, ele admitiu recentemente que a ciência do cérebro não avançou nem um bocadinho. O cérebro continua a ser um mistério.

Tem razão quanto à complexidade do corpo humano como um sistema de 220 elementos. Mas, como dizem os criminologistas, também há

"circunstâncias atenuantes"....
Algumas delas devem ter sido adivinhadas na minha palestra sobre a ontogénese. Se bem se lembram, eu disse que cada uma das nossas células adultas tem origem num dos três folhetos germinativos. Isto sugere que a célula tem um certo número de restrições para estabelecer ligações com as células descendentes de outro folheto germinativo. Estas são as primeiras.
Segundo. A relação dentro de qualquer par de células pode pertencer a um de quatro tipos:

1. O produto de saída da célula #1 é utilizado pela célula #2 como nutriente para efetuar o seu metabolismo. Este tipo de relação pode ser designado por relação "produtor-consumidor". É evidente que, neste caso, a taxa metabólica da célula n.º 2 estará correlacionada com a taxa metabólica da célula n.º 1;
7. O produto de saída da célula n.º 1 não é um nutriente para a célula n.º 2, mas estimula uma das suas funções de saída (por exemplo, se a célula n.º 2 for uma célula muscular, o estimulante aumenta a força contrátil desenvolvida pela célula n.º 2);
3. Tudo se passa como no ponto 2, com a única diferença de que, em vez de estimulação, há supressão (inibição*);*
4. A célula #2 é indiferente ao estado da célula #1.

Resulta destas duas "circunstâncias atenuantes" que o número real de ligações funcionais intercelulares é muito menor do que o número estimado terrivelmente grande que resulta da combinatória. Mas é demasiado cedo para nos regozijarmos. Há também "circunstâncias agravantes" nas relações intercelulares. Tentemos perceber do que se trata.
Recordo que uma célula é uma máquina bioquímica complexa, ou seja, tudo nela é determinístico. Pelo menos, esta analogia é útil para compreender algumas funções da célula e evitar afogar-se numa massa de termos biofísicos, bioquímicos e fisiológicos específicos. Embora as reacções bioquímicas sejam um processo estocástico, existem mecanismos complexos que funcionam de forma fiável nesta máquina. Eles regulam as taxas de reacções bioquímicas específicas, a composição físico-química do citoplasma, o transporte organizado dos diferentes ingredientes das reacções bioquímicas para o reator, o controlo de qualidade das macromoléculas recém-sintetizadas, a sua eliminação quando são detectadas defeituosas, e também realizam muitas formas de responder a alterações no fluido pericelular. Já se sabe que o número de proteínas sintetizadas na célula ultrapassou há muito a centena de milhar e todos os dias são identificadas novas proteínas. Para além das proteínas, são sintetizadas na célula um grande número de outras macromoléculas biologicamente activas. E cada

uma delas é sintetizada estritamente no tempo, em diferentes fases do ciclo celular.
Existem muitas proteínas especializadas na superfície da membrana celular que actuam como receptores químicos para substâncias biologicamente activas específicas. Estas proteínas receptoras interagem com proteínas específicas no interior da célula. Esta interação, que ainda é pouco clara, é capaz de modular cada um dos três primeiros tipos de interações célula-célula acima referidos.
Talvez vos surpreenda um pouco com a afirmação de que, na minha opinião, a célula, enquanto máquina química que faz funcionar um grande número de moléculas, é ainda mais complexa do que o nosso organismo, considerado como um sistema de 220 tipos de células. Isto é indiretamente indicado pelo tempo. No total, foram necessários cerca de 3,4 mil milhões de anos de evolução para criar uma célula equipada com um núcleo (eucariotas). Destes, foram necessários cerca de mil milhões de anos para criar e aperfeiçoar a célula sem núcleo (procariota) e, no resto do tempo, os eucariotas foram criados com base nela. Compare 3,4 mil milhões de anos com os 800 milhões de anos que foram necessários para criar a grande diversidade de organismos multicelulares vegetais e animais, incluindo você e eu, a partir dos eucariotas. É quase quatro vezes menos tempo.
- Os números são certamente impressionantes. Mas como é que sabemos tudo isto e até que ponto este conhecimento é fiável?
- Quanto à idade do nosso sistema solar e da Terra, dados bastante fiáveis sugerem que o Sol tem cerca de 4,6 mil milhões de anos, uma estrela de terceira geração, e a Terra tem cerca de 4,5 mil milhões de anos.
Gradualmente, a Terra quente começou a arrefecer, a crosta sólida apareceu à superfície, o vapor de água condensou-se e surgiram massas de água e rios. De acordo com os dados mais recentes, os organismos unicelulares primitivos já foram registados em fósseis formados há cerca de 4,2 mil milhões de anos AEC. Quanto aos multicelulares, o intervalo de estimativas para a época do seu aparecimento é de cerca de 200 milhões de anos em relação à data média de 800 milhões de anos antes da nossa era. Pelo menos muitos fósseis de organismos multicelulares invertebrados foram encontrados a viver na lama do fundo dos oceanos, cerca de 600 milhões de anos antes da nossa era.
- Quando é que os animais terrestres começaram a existir?
- Cerca de 400 milhões de anos antes de nós.
- Ou seja, toda a evolução dos animais não ultrapassa os 400 milhões de anos. Isso inclui os dinossauros?

- Porque é que não se incluem os animais marinhos na lista de animais? Porque, na altura em que deram os primeiros passos em terra, muitas espécies aquáticas complexas já tinham evoluído. Em Marrocos e no sul de Inglaterra, encontra-se no registo fóssil uma grande variedade de espécies de trilobites. Tudo isto já era conhecido antes de Charles Darwin e desempenhou um papel importante na sua teoria da evolução das espécies.
Quanto aos "animais nacionais das Américas" - os dinossauros - o seu início é atribuído a cerca de 230 milhões de anos antes de nós. E acho que sabes o fim deles, não sabes?
- Sim. Há 65 milhões de anos. Um asteroide de dez quilómetros atingiu a Península de Yucatan, no sudeste do atual México.
- Tens razão quanto à data e ao local. Mas, para ser mais preciso, não só os crocodilos e os nossos antepassados roedores sobreviveram, como também alguns dos dinossauros, que nessa altura se pareciam com aves.
- É engraçado! Os nossos antepassados tinham medo de ser comidos por um dinossauro e hoje comemos os descendentes dos dinossauros. Lá se vão as vicissitudes da evolução. Daqui a uns duzentos ou trezentos milhões de anos, os descendentes dos insectos desprezíveis de hoje vão dominar os nossos descendentes mutantes.
- Os filmes de Hollywood não vos venceram! A evolução pode dar-nos muito mais. A propósito, muitas pessoas não sabem nada sobre os ziguezagues da evolução. É um equívoco comum pensar que a evolução é progressiva e aperfeiçoa o mundo vivo. Longe disso. A evolução utiliza o material diverso fornecido pelas mutações para formar outro ziguezague. O percurso inverso, regressivo, não está excluído.
- Está bem, não sou assim tão sombrio. Lembro-me disso da biologia do liceu.
Mas gostaria de ouvir a tua opinião de que a vida é uma forma de preservar os genes ao longo do tempo. Concordas com isso?
- Na minha opinião, isto soa espirituoso, mas deturpa a questão. Não se pode pegar numa parte de um organismo e aplicar-lhe a evolução. A vida, tal como a conhecemos, baseia-se na propriedade do ADN de que esta dupla hélice de moléculas de ARN sabe como se reproduzir. Teoricamente, é possível imaginar uma outra versão da vida, em que todas as estruturas do organismo são constantemente renovadas e o organismo é imortal. Só que a vida no nosso planeta foi formada com base nesta molécula especial - o ADN. Embora os especialistas tenham a certeza de que cerca de mil milhões de anos antes do aparecimento da molécula de ADN, a transferência de informação para a descendência baseava-se no ARN.

A este respeito, é importante referir que este método inicial de reprodução da informação genética cometeu muitos erros, que contribuíram para a diversidade da vida arcaica. E a duplicação do ADN não é uma forma tão fiável de preservar os genes. Mas não há razão para nos lamentarmos por isso. Sem esta falha, não existiríamos nem nós nem a diversidade da vida.
- Isso foi interessante. Vamos continuar. Até agora, o cérebro parece estar a recuperar e a conversa está a tornar-se interessante. Vamos tentar perceber se todos os 220 tipos de células desempenharam um papel igualmente importante na nossa evolução progressiva, ou se há células que são particularmente importantes.
- Vamos lá!
Digo-vos desde já: há especializações celulares que são importantes e outras que são mais ou menos, acessórias.
Certamente, no grupo de tipos de células fatídicas, devemos incluir aquelas graças às quais o nosso organismo digere os alimentos. Também se deve incluir o grupo de células sem as quais os alimentos não poderiam ser obtidos. As células e as suas comunidades que desempenham a função de reconhecer e evitar ameaças são igualmente importantes. Finalmente, as células que asseguram o crescimento e a reprodução do organismo são igualmente importantes. Vamos tentar perceber como funcionam estas células e os seus sistemas.
Embora eu não ache que um ser humano artificialmente modificado precise de um sistema digestivo tão ineficiente e, sejamos francos, indigno de um ser inteligente, é necessário conhecê-lo. Pelo menos, se os seus clientes estiverem a pensar seriamente em livrar o ser humano das doenças. Demasiadas doenças são direta ou indiretamente causadas por problemas digestivos.
Talvez a principal caraterística do sistema digestivo seja o facto de ser um sistema anatomicamente completo. Este tipo de sistema contrasta com os sistemas funcionais, cujos órgãos podem estar localizados em diferentes partes do corpo.
Comecemos por considerar a anatomia do sistema digestivo. A sua ilustração esquemática pode ser encontrada nos manuais escolares (Fig.H). Os especialistas identificam mais de 30 partes estruturais especializadas deste sistema. O seu funcionamento conjunto e consecutivo permite a trituração de grandes pedaços de alimentos, a sua preparação preliminar para a decomposição em componentes químicos, a sua absorção pelo sangue, a filtração de componentes úteis, bem como a excreção de partes não digeridas da massa alimentar para o ambiente. Pelo exemplo do sistema digestivo,

podemos ver que ele é o resultado de uma longa evolução. Isto é mais evidente quando se compara o nosso sistema digestivo com os de diferentes animais da árvore da vida. O plano geral da estrutura deste sistema é tal que existe um ambiente interno - uma cavidade à volta da qual se encontram todos os consumidores de nutrientes - as células.

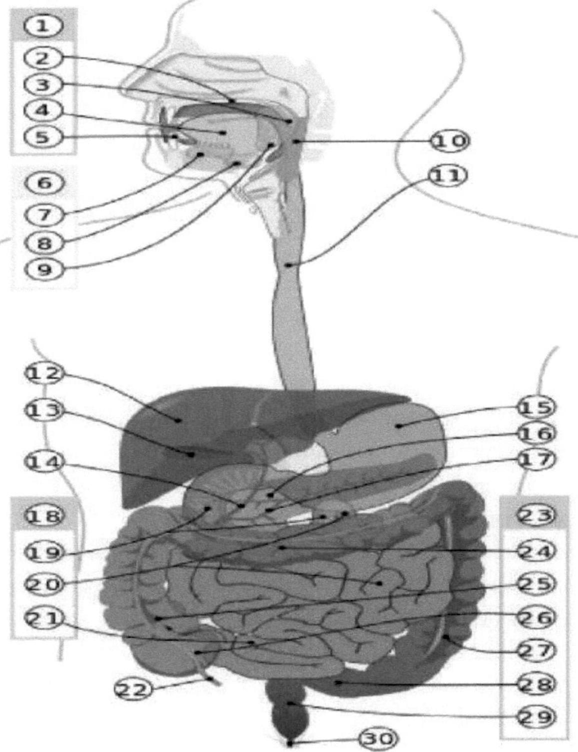

Figura 3. Sistema digestivo

1. Cavidade oral; 2. palato; 3. úvula palatina; 4. língua; 5. dentes; 6. glândulas salivares; 7. glândula sublingual; 8. glândula submandibular; 9. glândula parótida; 10. Faringe; 11. Esófago; 12. Fígado; 13. Vesícula biliar; 14. Ducto biliar comum; 15. Estômago; 16. Pâncreas; 17. Ducto pancreático; 18. Intestino delgado; 19. Duodeno; 20. Jejuno; 21. Intestino delgado; 22. Apêndice; 23. Cólon; 24. Cólon transverso; 25. Cólon ascendente; 26. Cólon cego; 27. Cólon descendente; 28. Cólon sigmoide; 29. Reto; 30. Abertura anal.

Se observarmos a imagem com mais pormenor, podemos agrupar a parte oral (cavidade oral, palato, língua palatina, língua, dentes, glândulas salivares, glândula hioide, glândula submandibular, glândula parótida, faringe - 10 órgãos); a parte intermédia (esófago, estômago, pâncreas com dois ductos - 5 órgãos) parte intestinal (intestino delgado, duodeno, jejuno, íleo ou intestino delgado, apêndice, cólon, cólon transverso, cólon ascendente, cólon cego, cólon descendente, cólon sigmoide, reto, abertura anal - 13 órgãos). Funcionalmente, o sistema digestivo inclui também o fígado, a vesícula biliar e o ducto biliar comum.

Foi deliberadamente que me detive com tanto pormenor na representação do sistema digestivo. Ela reflecte duas caraterísticas muito significativas da nossa longa evolução.

O sistema digestivo é o mais diversificado em termos de número de componentes (órgãos). Existem diferentes células especializadas em cada uma das partes identificadas do sistema. O sistema nervoso central (SNC) está também diretamente relacionado com este sistema. Ele inerva todos os órgãos secretores. No cérebro existem muitos grupos de nervos que controlam o fluxo de impulsos provenientes de diferentes partes do sistema digestivo. Toda a gente sabe como a excitação, o medo e outras emoções são sentidas pelo "estômago e pelos intestinos". Não me atreverei a dar o número exato de tipos de células, mas cerca de 1/3 das 220 especializações estão direta ou indiretamente relacionadas com o sistema digestivo.

- Parece que percebo o teu processo de pensamento. Quer dizer que, se subtrairmos estas células "digestivas" a 220 tipos de células, o número real de células heterogéneas e, com elas, a complexidade do sistema que assegura o funcionamento do organismo, fica muito simplificado.

- Bem, tens razão. Era aí que eu queria chegar.

- Mas esta negligência do sistema digestivo só se justificará se o futuro modelo matemático integrando a fisiologia e a inteligência adotar um conceito diferente de suporte material-energético da viabilidade celular.

- Concordo. Mas devemos destacar um outro sistema funcional que surgiu historicamente e foi selecionado evolutivamente para a defesa do organismo contra as influências nocivas de genomas estranhos.

- Já estou a perceber. Refere-se ao sistema imunitário. Eu interessava-me por esse sistema. Cheguei mesmo a ver algumas publicações sobre a sua modelação matemática. Mas, atualmente, só me lembro de fagocitose, linfócitos e T-helpers....

- Não vou entrar em pormenores sobre a organização e o funcionamento do nosso sistema imunitário, mas serão discutidas algumas ideias e caraterísticas básicas.

A principal caraterística do sistema imunitário é que não é anatómico, é funcional. Os seus elementos estão dispersos por diferentes órgãos do corpo.

Por exemplo, os linfócitos que mencionou são um tipo de leucócitos não granulosos, ou seja, são células sanguíneas.
O sangue humano contém dois tipos de glóbulos brancos: os glóbulos T e os glóbulos B. Os primeiros são formados pela glândula tiroide. Os segundos são produzidos na medula óssea, que é o principal órgão da imunidade. Juntamente com a medula óssea, o segundo grande órgão do sistema imunitário é o timo. É constituída por células imaturas e indiferenciadas - células estaminais - que lhe chegam da medula óssea. No timo, as células amadurecem, diferenciam-se e acabam por formar linfócitos T, que são responsáveis pelas reacções de imunidade celular.
O sistema imunitário reage a elementos estranhos. A sua lista é muito vasta. Por exemplo, vírus, fungos, bactérias, pólen de plantas, pó da casa, produtos químicos, tecidos e órgãos transplantados, células mutantes próprias.
Cada um destes objectos é portador de um gene estranho ao sistema imunitário, pelo que o seu nome comum é "antigénio".
Os linfócitos também são produzidos nas amígdalas. Estão localizadas na parede posterior da nasofaringe, na parte superior da nasofaringe, e são constituídas por tecido linfoide difuso. Um dos órgãos centrais do sistema imunitário é o baço. Este recebe sangue arterial através da artéria esplénica para limpar o sangue de elementos estranhos e remover células velhas e mortas.
Para além dos órgãos (centrais) do sistema imunitário acima mencionados, existe também um sistema periférico. Este é representado nos órgãos e tecidos humanos por um sistema ramificado de capilares, vasos e ductos linfáticos. O sistema linfático periférico inclui formações específicas - os gânglios linfáticos. A sua maior parte está localizada na região inguinal, na área da axila, na base do mesentério do intestino delgado e outras.
Os gânglios linfáticos são os "filtros" nos quais as bactérias patogénicas são destruídas. Os gânglios linfáticos são os guardiões dos linfócitos e dos fagócitos. São eles que formam a resposta imunitária. O sistema linfático trabalha em estreita relação com o sistema circulatório e está constantemente em contacto com o fluido dos tecidos, através do qual os nutrientes são fornecidos às células. A linfa transparente e incolor transporta produtos metabólicos para o sangue através do sistema linfático e é o portador dos linfócitos, que entram em contacto direto com os antigénios.
Pensa-se que a estrutura do sistema imunitário é apenas ligeiramente inferior à do sistema nervoso humano em termos de complexidade.
- Tudo isto é certamente útil para compreender a saúde e a doença. Mas parece-me que o problema do sistema imunitário para o modelo matemático

proposto de um organismo artificial precisa de ser pensado mais do que uma vez.
- Não sou o melhor conselheiro nesta matéria. Se se tratar de formular especificações técnicas pormenorizadas, talvez eu possa fazer alguma coisa para ajudar. Entretanto, gostaria de voltar mais uma vez à questão anterior - que parte dos 220 tipos de células está envolvida no sistema imunitário. Não quero cometer um erro, por isso não vou dizer o número exato. Mas é um número grande.
- Parece que poucos tipos de células especializadas são de facto as principais e que, para além delas, a evolução "amontoou" um número muito maior de células auxiliares, que só são necessárias em habitats pobres.
- Concordo plenamente consigo. Além disso, este excesso é ainda mais visível quando se compara o número de genes activos e os chamados genes silenciosos. Quando comecei a interessar-me por estas questões do ponto de vista da eficiência energética do nosso organismo, cheguei à conclusão de que, do ponto de vista económico, há demasiadas despesas gerais. Lembro-me de uma vez ter tido a ideia de propor aos geneticistas que removessem tudo o que fosse desnecessário do genoma de um animal e ver até que ponto esse organismo é viável em condições ideais, quando o ambiente é estéril e a alimentação é tão diversificada e nutritiva quanto possível.
- E então? Alguém está interessado na ideia?
- Yaeyene publicou.
- E isso interessava-me! De facto, o que aconteceria a um organismo assim? Podemos fantasiar um pouco sobre isso.
- Para já, gosto de fantasiar. Vamos tentar.
Na minha opinião, um organismo deste tipo funcionaria até que o limite de Hayflick fosse atingido nas células de órgãos críticos (por exemplo, coração, rins).
- Acho que já ouvi esse nome, mas não me lembro exatamente. Pode explicar-me o essencial?
- O biólogo Heiflick, observando colónias de várias células em condições artificiais que proporcionam uma nutrição suficiente e a remoção de resíduos metabólicos, descobriu que, após um certo número de divisões, as células deixam de se dividir e morrem. Este número varia ligeiramente para diferentes tipos de células, mas em média é de cerca de cinquenta ciclos de divisão. Mais tarde, descobriu-se que este padrão é causado pelo facto de, durante cada divisão, os cromossomas encurtarem ligeiramente. Mais precisamente, não se trata da parte dos cromossomas que contém ADN, mas de estruturas terminais especiais - os telómeros.

- Oh, já me lembro. Parece que, há alguns anos, foi atribuído o Prémio Nobel aos telómeros a uma mulher americana. Esta teoria foi, em tempos, amplamente discutida na imprensa em relação a um possível aumento da esperança de vida. Até me lembrei da palavra "telomerase". É uma espécie de enzima que restaura o comprimento dos telómeros. Não é verdade?
- É isso mesmo! Mais precisamente, o Prémio Nobel de Fisiologia ou Medicina de 2009 foi atribuído a Elizabeth Blackburn, Carol Greider e Jack Szostak "por terem descoberto como os telómeros e a enzima telomerase protegem os cromossomas".
Apesar de terem passado muitos anos, ainda não existe uma tecnologia médica correta para combater o envelhecimento. Vários tipos de empresários médicos estão a desviar dinheiro dos ricos que querem prolongar a sua existência confortável, mas um número crescente de publicações científicas indica que o caso é provavelmente mais complicado do que o conceito de telómero do envelhecimento e o limite de Hayflick.
- Que mais querias dizer?
- Na minha opinião, um tal organismo hipotético seria vulnerável por outra razão. Para o compreender, teríamos de aprofundar os princípios de funcionamento de cada uma das nossas células.
- O que é que sabe sobre o fígado? Ele também nos protege, não é verdade?
- Tem razão, claro. O fígado protege-nos. Mas principalmente das substâncias venenosas que são absorvidas pela corrente sanguínea durante a digestão. As células do fígado - os hepatócitos - produzem um complexo cocktail químico a partir destes venenos - a bílis. Esta bílis acumula-se através dos canais biliares na vesícula biliar, de onde entra no intestino.
Em parte, a bílis ajuda a digestão e os ingredientes inúteis são excretados com as fezes, dando-lhes a sua cor caraterística. Menciono este ponto apenas para mostrar como os médicos utilizam a informação sobre a cor das fezes para diagnosticar doenças do fígado.
- E pode dizer-me que informação obtém um médico ao apalpar o fígado?
- Em primeiro lugar, é assim que o médico calcula o tamanho do fígado. O médico conhece aproximadamente os contornos exteriores do fígado no abdómen. Ultrapassar estes limites indica que o fígado está cronicamente sobrecarregado e não consegue cumprir a sua função básica - de barreira. É o que acontece em caso de envenenamento.
Mas em relação a esta sua pergunta, gostaria de desenvolver o tema.
O facto é que o tamanho real de qualquer um dos nossos órgãos é constituído pelo tamanho e número das suas células, bem como pela rede vascular do órgão. O aumento de um órgão significa que ou aumentou o tamanho de cada

célula ou criou novas células. É claro que pode haver uma combinação de ambos. Mas a questão importante é saber qual o tamanho de um órgão que deve ser considerado normal e em que condições ocorre a hipertrofia de um órgão?

- Está a dizer que existem alguns padrões comuns a todos os órgãos?
- Acho que sim. Vou tentar explicar.

Afinal de contas, nenhum dos nossos órgãos é um objeto independente. Alguns órgãos estão unidos num sistema funcional, outros - noutro. Convencionalmente, para cada órgão existe o seu parceiro funcional. Num tal sistema emparelhado, um órgão é um carregador, o outro é um órgão carregável. Digamos, por exemplo, que o fígado é um órgão de carga e o trato gastrointestinal é um órgão de carga. Num estado de saúde, o órgão de carga e o órgão carregado devem estar em estática. Por outras palavras, o órgão de carga deve ter um número de células que, no seu tamanho atual, permita a utilização dos produtos do órgão de carga. Se nem toda a produção puder ser utilizada, o resíduo ativa mecanismos que melhoram os processos biossintéticos no órgão carregado. Como resultado, as suas células aumentam de tamanho e a proliferação aumenta o seu número. Um observador externo regista estas alterações como hipertrofia do órgão.

- Pergunto-me se este mecanismo controla o processo fisiológico de hipertrofia cardíaca nos atletas.
- Sim, isso é verdade, embora cada organismo tenha as suas próprias nuances.
- Diria também que a hipertrofia prostática senil ou relacionada com a idade é também dessa natureza?
- Em geral, sim. Afinal de contas, o tamanho desta glândula é determinado pela necessidade que o corpo tem da sua produção. Infelizmente, os endocrinologistas só conhecem muito aproximadamente as relações entre as várias hormonas que estabelecem o tamanho necessário deste importante órgão. Como a atividade de algumas glândulas produtoras de hormonas sexuais masculinas diminui com a idade, a proporção normal de todas as hormonas reguladoras é perturbada. Na minha opinião, o aumento da próstata é uma tentativa de restabelecer o equilíbrio perturbado das hormonas.
- Então a hipertrofia desta glândula nem sempre é uma doença?
- Penso que se trata de uma das manifestações de uma reação compensatória adaptativa à redução da secreção, nada mais. A não ser, evidentemente, que estejamos a falar de carcinogénese. Mesmo em casos de oncologia em homens com sessenta anos ou mais, os próprios oncologistas dizem muitas vezes que um homem prefere morrer com uma próstata doente do que com ela.

Sabem, a nossa conversa de hoje já se prolongou demasiado. Vamos continuar amanhã. E para vos manter a pensar sobre este tema, como é prática em filmes com várias partes, vou terminar com algo intrigante.
- Se o vais fazer, fá-lo.
- Nem tudo no corpo está direcionado para o bem-estar das células! Existe de facto uma sinergia entre grupos individuais de células, mas a relação entre outros tipos de células não pode ser chamada de antagonismo.
- Vago, mas muito intrigante. Afinal, eu costumava pensar que, tal como os Mosqueteiros de Dumas, o princípio de "cada um por todos, todos por um" deveria funcionar no corpo. E está a dizer que as células estão a lutar entre si. Espero que me explique.
- Amanhã, com a cabeça fresca, veremos as bases da biodinâmica, o papel da energia nela e os princípios gerais de qualquer uma das nossas células especializadas. E depois, prometo, esclarecerei como a sinergia e o antagonismo das células coexistem numa comunidade celular e como estas regras celulares estabelecem as regras fisiológicas de todo o organismo.
- Concordo.

CAPÍTULO 4

Quarta palestra

Biodinâmica e energia

- Estás pronto para falar?
- Em suma, estou pronto. Mas gostaria de dizer que esta manhã me sentei e ouvi todas as nossas conversas gravadas até agora. Devo dizer que já existem alguns momentos de perceção, embora ainda não tenha compreendido o lugar e o papel de certas nuances.
- Na minha opinião, tudo isto está bem. Ainda não falei completamente da minha visão do organismo, nem de importantes fragmentos de conhecimento, sem os quais a vossa conversão à minha fé é irrealizável. Mas vamos dar um passo de cada vez. Ontem concordámos em continuar a conversa que iniciámos sobre os potenciais problemas de um organismo perfeitamente concebido.
- Estou pronto para ouvir.
- Assim, estamos a considerar um organismo hipotético sem nada de supérfluo na sua estrutura. Chamo a vossa atenção para o facto de esta afirmação também se aplicar a cada célula do corpo: o seu genoma deve conter apenas genes funcionais.

Evolutivamente, cada uma das nossas células é forçada a existir num ambiente instável. Como resultado de uma longa evolução, a célula selecionou mecanismos que reagem com sensibilidade às alterações ambientais e corrigem o seu metabolismo de forma a minimizar as destruições inevitáveis. Gostaria de sublinhar a palavra *"destruição"*.

Erwin Schrödinger, que não vos é desconhecido, publicou o livro "A vida do ponto de vista de um físico" em 1946. De um modo geral, muitos matemáticos e físicos famosos de meados do século XX tentaram contribuir para a compreensão da vida. Da última vez, referimos que um dos pais da teoria dos computadores, Alan Turing, também se voltou para a biologia e tentou justificar matematicamente o mecanismo de formação de vários padrões no corpo dos animais. Mas voltemos a Schrödinger.

Recordo a sua famosa pergunta de perplexidade: "Não percebo porque é que uma boa molécula biológica deve ser substituída por outra do mesmo tipo?

Colocou a si próprio esta questão ao tentar calcular os custos energéticos da biossíntese. Estes revelaram-se demasiado elevados e não decorriam de forma alguma das leis da física e da química. Durante muito tempo, esta questão ficou sem resposta. Só com o tempo surgiu uma explicação aceitável. A sua essência é a seguinte: as macromoléculas biológicas, a maioria das quais são estruturas terciárias ou quaternárias (existe uma classificação deste tipo em química), são muito instáveis. São sensíveis a várias influências destrutivas, incluindo as vibrações térmicas dos átomos. Como as duas reacções - síntese e decomposição - ocorrem quase simultaneamente na célula, é necessário sintetizar um número de moléculas muito superior ao que seria necessário se cada molécula fosse estável e útil para a célula. De facto, todas as estruturas e funções biológicas só existem devido a uma ligeira preponderância da taxa de síntese sobre a taxa de decomposição das macromoléculas. Isto pode parecer paradoxal, mas à escala dos órgãos e dos organismos, tudo isto se traduz na existência de numerosas redundâncias.

- Acho isto muito interessante. E muitas pessoas, especialmente engenheiros, estão convencidos de que quase tudo na biologia é perfeito e pode ser copiado em sistemas técnicos. Mas aqui é ao contrário, não é?

Mais tarde darei outros exemplos para provar o que disse. É preciso compreender e recordar: o problema da sobrevivência é o que tem sido e continua a ser o principal na biologia. A perfeição, a optimalidade não são os critérios pelos quais as espécies foram selecionadas no processo de evolução biológica. Se existe uma solução que permite sobreviver e passar os seus genes para a geração seguinte, então o organismo passa pelo crivo da evolução. Caso contrário, esses organismos são o fim da espécie.

- Brutal, duro e instrutivo ao mesmo tempo!

- Oiça, estou satisfeito com a sua participação ativa e emocional na conversa, mas se continuar a reagir e a interromper-me com tanta frequência, receio perder o fio da narrativa. E isso fará com que seja mais difícil para si compreender.

- Erro meu, Professor! Vou tentar abster-me!

- Eu perdoo-te, vamos seguir em frente.

Se a taxa de metabolismo e, com ela, a taxa de gasto de energia (moléculas de ATP) aumenta, a célula deve aumentar adequadamente a taxa de síntese de ATP. Isto significa que a célula deve aumentar a capacidade total das suas mitocôndrias. Existem várias formas de o fazer. Em primeiro lugar, enzimas reguladoras especiais aceleram o processo de síntese de ATP. Em segundo lugar, especialmente em caso de deficiência crónica de ATP, a célula aumenta a área total das suas unidades de produção - as mitocôndrias. Existem também dois mecanismos para isso: hipertrofia das mitocôndrias já existentes e

aceleração da sua divisão (proliferação).

A contribuição relativa destes dois últimos mecanismos varia consoante os tipos de células.

Da mesma forma, se os gastos de energia diminuem, a atividade dos mecanismos de luta contra o défice de energia diminui. Mais precisamente, os mecanismos acima referidos deixam de estar activos e o processo natural de destruição de macromoléculas faz o seu trabalho: ao longo do tempo, a nova área total das mitocôndrias da célula chega a um valor em que as taxas médias de síntese e consumo de ATP estão equilibradas.

Dissemos anteriormente que a ativação dos processos biossintéticos na célula requer a ativação adequada dos órgãos e sistemas do organismo que estão de alguma forma envolvidos no aumento da área total de mitocôndrias.

Consideremos agora um outro caso. Existe um equilíbrio de energia numa célula, com uma taxa elevada de gasto equilibrada por uma taxa elevada de síntese. O que é que acontece a esta célula se a taxa de gasto de energia cair para um mínimo? Enquanto a taxa de síntese de ATP for superior à taxa de consumo, a célula não reparará as macromoléculas degradadas espontaneamente nas mitocôndrias. Esta célula produz ATP apenas para alimentar o seu metabolismo atual. Com o tempo, estabelece-se um novo equilíbrio energético com um baixo nível de consumo de ATP. A capacidade energética da célula torna-se baixa. Chamemos a esta célula uma célula "mole". Um organismo constituído por células "esguias" será ele próprio "esguio". O primeiro aumento significativo e acentuado da carga num organismo deste tipo mata-o!

De facto, delineei aqui figurativamente as razões pelas quais em cada uma das nossas células, e não apenas nas nossas células, a maior parte dos mecanismos são repetidamente duplicados.

Sabe-se que, na tecnologia, os engenheiros duplicam componentes críticos para melhorar a fiabilidade dos dispositivos e sistemas. Verificou-se que, neste caso, a natureza estava muito à frente dos engenheiros. Mas qualquer duplicação está associada a um aumento dos custos gerais e a uma diminuição da eficiência de uma determinada solução natural ou artificial.

- Sei que toda a duplicação aumenta os custos energéticos e reduz a eficiência do sistema. Uma vez que a natureza recorreu, ou, para o dizer como tu, fez passar um organismo ineficaz pelo crivo da evolução, deve haver uma explicação para este facto. Conhece uma?

- Sim, eu posso explicar isso. Mas antes disso, gostaria de fazer um esclarecimento importante.

Quando falamos de duplicação na tecnologia, sabemos que os programadores criam dois ou mais módulos idênticos (unidade, dispositivo) em vez de um. Todos estes módulos podem funcionar em simultâneo ou podem ser activados quase instantaneamente quando o módulo principal falha. Aqui está um cálculo puro das probabilidades de falha. É sabido que a probabilidade de

falha de duas unidades em simultâneo é muito menor do que a probabilidade de falha de uma única unidade.
Não é o caso da duplicação natural. Não existe uma duplicação pura no organismo. Em vez disso, existe muito frequentemente, quase a todos os níveis das estruturas, mais do que uma forma de produzir um efeito de saída. Por exemplo, sabe-se que a matéria-prima energética do sangue é a glicose.
- O ATP é derivado deste.
- Sim, mas não só. Há outras formas: outros hidratos de carbono, ácidos gordos, gorduras. Estas fontes de energia são cúmplices do processo normal de síntese de ATP nas células, embora passem previamente por diferentes transformações bioquímicas.
- Cheguei a ler que, em caso de falta prolongada de alimentos, as proteínas do organismo também se esgotam. É daí que vem a energia?
- Sim, é verdade. Mas não foi à toa que falei da norma.
A alimentação é e sempre foi sazonal. Se o organismo extraísse energia apenas da glicose, na ausência de frutos maduros - fornecedores de glicose, as suas hipóteses de sobrevivência seriam fortemente reduzidas. Mas os hidratos de carbono encontram-se em muitos alimentos vegetais diferentes. Portanto, aqueles que foram capazes de utilizar outros recursos alimentares para a produção de ATP sobreviveram na evolução.
- Todos eles têm a mesma eficiência energética?
- Estás entre os dez primeiros! Não, claro que não. A sua eficácia varia, quanto mais não seja porque o tempo necessário para os assimilar é diferente. Mas a natureza não se afastou dos recursos menos eficientes. Utilizou-os da mesma forma que nós utilizamos os elementos para fazer pilhas. A única diferença é que, regra geral, nas nossas pilhas artificiais, todas as secções das células são quase idênticas.
- Está a dizer que o princípio da bateria está a funcionar aqui?
- Sim e não. Na natureza, pelo menos no exemplo da síntese de ATP por nós considerado, ao sintetizarmos os efeitos de diferentes mecanismos, tivemos de ter em conta a assincronia de alguns deles. Por outras palavras, em condições naturais, existe um somatório amplitude-temporal dos efeitos de diferentes participantes de um mesmo processo.
- Pergunto-me se existem outros exemplos que sustentem esta conclusão?
- É claro que posso não saber algumas coisas, mas posso dar-vos mais alguns exemplos.
Por exemplo, órgãos emparelhados: rins, pulmões, hemisférios cerebrais. Peço desculpa, mas o último exemplo não é muito bom, pois há uma série de diferenças estruturais e funcionais significativas entre os dois hemisférios.

- Podemos incluir os órgãos sensoriais emparelhados - ouvidos, olhos?
- Penso que este exemplo também não é bom. Neste caso, a razão mais provável para a sua presença é uma nova qualidade, o efeito estéreo. A visão binocular permitiu uma precisão aceitável na estimativa da distância a uma fonte de luz (direta ou reflectida) e a audição, através de dois ouvidos, contribuiu para a precisão da estimativa da direção a uma fonte de som. Dado que em ambos os casos se trata de obter informações sobre coisas vitais (alimento ou ameaça), a maior precisão das estimativas desempenhou um papel na seleção evolutiva dos organismos que possuem tais sensores.
- Como funciona uma bomba de iões?
- Trata-se de uma enzima especial (*ATP-ase) que* tem a propriedade de alterar a sua estrutura espacial (*conformação*). A enzima-bomba funciona em três etapas. $^{+}$Na primeira, liga três iões Na ao interior da membrana. Estes iões alteram a conformação do centro ativo da enzima e ocorre a hidrólise de uma molécula de ATP. $^{+++}$Na segunda etapa, a energia libertada durante a hidrólise é utilizada para alterar novamente a conformação da bomba enzimática, de modo a que três iões Na e um ião fosfato deixem o citoplasma, o Na se desprenda e dois iões K se fixem. $^{+}$Finalmente, a enzima volta à sua conformação original, o ião fosfato e os iões K acabam no lado interior da membrana. $^{+}$Aqui, os iões K são clivados e a bomba está pronta a funcionar novamente.
$^{++}$Como resultado, é criada uma elevada concentração de iões Na no meio extracelular e uma elevada concentração de iões K no citoplasma. Esta diferença de concentração é utilizada nas células quando geram ou conduzem um impulso nervoso.
- De que depende a intensidade do gasto atual de ATP?
- Neste caso, a intensidade deve ser entendida como potência. Por conseguinte, é necessário ter em conta todos os tipos de trabalho biológico realizado na célula num determinado intervalo de tempo.
- O que é o trabalho biológico?
- É um termo coletivo que inclui a criação e manutenção de um ambiente químico especial no citoplasma, o movimento de moléculas e átomos contra gradientes das suas concentrações, o movimento de iões através das portas iónicas da membrana celular contra gradientes de potenciais eléctricos e a restauração da excitabilidade da célula após o seu funcionamento solitário.
- Ou seja, estamos a falar exclusivamente de processos intracelulares. Mas também utilizamos energia para outras funções, como viajar no espaço. Porque é que não se fala disso?
- Isto porque qualquer ato complexo, não necessariamente motor, é

constituído por processos de base que se desenrolam no interior de uma célula. Simplesmente, um ato complexo é sempre o resultado do funcionamento de cadeias formadas por células de diferentes tipos. Mais tarde, falaremos mais pormenorizadamente sobre este assunto. Neste ponto, gostaria de chamar a atenção para o facto de as capacidades de gasto de energia dos diferentes tipos de células serem muito diferentes.

- Não estou a perceber bem! Podes explicar com exemplos?

- Provavelmente já ouviu dizer que o cérebro é um órgão bastante voraz. Posso dar-lhe números. Pesando menos de 2% do peso de um adulto, o cérebro consome cerca de 20% da produção total de energia do organismo. Mas há órgãos ainda mais vorazes: os rins, alguns órgãos de secreção interna. Estes consomem ainda mais energia por unidade de massa do que os neurónios.

- E depois, eles que o gastem. O que é que isso tem de mal?

- A energia é um dos principais recursos que tem faltado ao longo da evolução dos organismos.

- Por que razão, então, nos orgulhamos tanto do nosso cérebro esbanjador?

- Desespero! O cérebro nem sempre funciona em pleno. Ele, ou melhor, as suas estruturas que estão envolvidas na procura de formas de resolver tarefas atípicas através de associações com situações anteriores (tarefas) e da ativação do pensamento lógico, tendem, se possível, a não participar no trabalho do corpo.

- Não estava à espera de ouvir isso de um fisiologista! O cérebro organiza e controla as actividades da vida, não é verdade?

- Não é esse o caso. O cérebro é forçado a ativar-se quando não existe uma solução automática para um problema. A procura consciente e o desenvolvimento de uma solução é a parte mais dispendiosa do trabalho do cérebro. Por isso, existem mecanismos que, após ter sido encontrada uma solução (por exemplo, o desenvolvimento de competências), automatizam as acções, transferindo a sua realização para o nível dos mecanismos reflexos condicionados.

- Por outras palavras - pensar é um luxo?

- Exatamente!

- O que dizer então de outros resíduos, por exemplo, os resíduos renais?

- Infelizmente, os rins têm de filtrar o sangue a toda a hora. Como se costuma dizer, aqui não há negociação e não estamos atrás do preço! Mas há uma circunstância atenuante: a massa dos rins é muito menor do que a massa do cérebro e o consumo total de energia dos rins não é assim tão grande.

- E como se pode avaliar indiretamente que parte do corpo de uma pessoa

gasta mais energia e que parte gasta menos?
- Um bom indicador indireto desta situação é o valor do fluxo sanguíneo regional. Afinal de contas, já mencionámos que a matéria-prima para a síntese de ATP chega às células através do fluxo sanguíneo.
- Gostaria de colocar outra questão: porque é que o consumo de energia do corpo é tão elevado em repouso?
- Como é que sabes que o corpo gasta muita energia em repouso? Eu não disse nada sobre isso.
- Li sobre isso num site de musculação. Lá, o consumo de energia estava relacionado com a velocidade volumétrica do sangue na saída do coração. Isso está correto?
- Apenas com a saturação de oxigénio no sangue inalterada.
- Diz-se que a frequência cardíaca máxima atinge os 200 batimentos por minuto, enquanto em repouso a frequência é de cerca de 70 batimentos por minuto. A literatura desportiva também fornece dados de que, em repouso, a produtividade do coração masculino é de cerca de cinco litros por minuto. Com a carga máxima, o volume de sangue por minuto pode aumentar 3-4 vezes. Sabemos também que o nível máximo de pressão sanguínea nestas condições é apenas 80-90% superior ao seu nível em repouso. De um modo geral, o estado de repouso apresenta uma situação bastante estranha: parece que todas as células estão em repouso (em tecnologia, o análogo é o estado de marcha lenta do motor), mas os gastos de energia, mesmo a julgar pelos indicadores de atividade vital enumerados, são bastante elevados.
- Muito bem! A explicação habitual é a seguinte: estes gastos de energia são necessários para manter o metabolismo básico das células. Já falámos de metabolismo. De facto, as transformações bioquímicas requerem um bom dispêndio de energia. Mas seria um erro anular tudo isso.
Lembram-se quando eu disse que a geração de impulsos nos neurónios e nas células musculares envolve o consumo de ATP?
- Sim, eu lembro-me. Mas disseste que era uma despesa pequena.
- É realmente pequeno se nos limitarmos à consideração de apenas um impulso. No entanto, um único impulso que surge no soma de um neurónio é propagado ao longo do axónio. E este é por vezes bastante longo - mais de um metro.
- Qual é a relação entre o comprimento do percurso de um impulso nervoso e a quantidade de energia gasta por um neurónio? Existe alguma diferença entre o fluxo de corrente através de um fio elétrico e o fluxo de um impulso ao longo de um nervo? É necessária energia adicional para propagar um único impulso?

- O mecanismo de propagação do impulso nervoso é bastante diferente da propagação do potencial e da corrente nos condutores.

A estrutura típica de um neurónio é representada esquematicamente na Fig. 4. A maioria dos grandes neurónios tem um axónio, que é revestido por um isolante especial - a mielina. Este revestimento é regularmente interrompido (aproximadamente a cada milímetro) por uma secção desprovida de mielina (interceptos de Ranvier). Nestes interceptos, o impulso é gerado de novo. Com um axónio de um metro de comprimento, cada impulso tem de ser gerado 1000 vezes. Trata-se de um gasto de energia considerável.

Agora tentemos imaginar dezenas de milhares de fibras nervosas que saem dos neurónios do cérebro e da medula espinal e vão para os órgãos internos e os músculos esqueléticos. Aproximadamente o mesmo número de fibras nervosas que transportam, sob a forma de sequências de impulsos, sinais sobre as caraterísticas vitais dos tecidos e dos vasos do corpo, vai na direção oposta. Trata-se já de um enorme número de impulsos por segundo.

- Há impulsos a circular por todos estes canais de fibras mesmo em repouso?

- Exatamente! É verdade que a frequência dos impulsos em repouso é várias vezes inferior à frequência em caso de aumento da carga dos órgãos. , mesmo com uma frequência básica de 1-2 impulsos por segundo, o total de o custo das moléculas de ATP é impressionante.

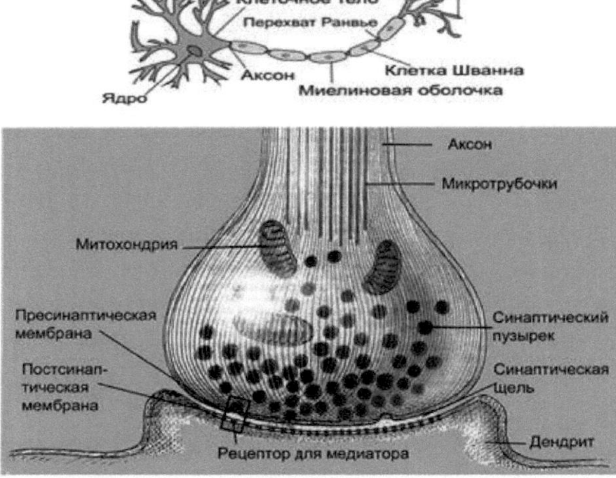

Figura 4. Esquema da estrutura de um neurónio (em cima) e de uma sinapse (em baixo)

- Não percebo bem porque é que a impulsão neuronal é necessária em repouso?
- E depois para assegurar a integridade funcional de todos os órgãos internos e do corpo.
- Mas esta integridade é assegurada pelos metabolitos celulares!
- É claro que ocorre a integração das células por meio de metabólitos dissolvidos nos fluidos corporais, principalmente no sangue. Mas isso não é suficiente para uma resposta imediata a acontecimentos súbitos, cuja informação é recebida pelo cérebro através dos órgãos sensoriais. É necessário que os órgãos estejam em prontidão básica (tónica). Isto é assegurado por impulsos direcionados de baixa frequência para todos os órgãos. Sem manter a atividade tónica dos vasos sanguíneos dos órgãos, é impossível regular a pressão arterial e o débito cardíaco. Finalmente, para ativar os circuitos funcionais (falarei deles em pormenor mais tarde), o cérebro precisa de informações sobre o estado atual dos órgãos executivos.
Agora percebo: o preço a pagar pela unidade de triliões de células especializadas e pela capacidade de resposta de um organismo multicelular holístico é caro.
- Digo-vos mais: segundo os especialistas em bioenergética, um homem de estatura média sintetiza e gasta cerca de 40 kg de moléculas de ATP por dia! Iremos abordar as questões da energia e da biodinâmica muitas outras vezes. Depois farei os acrescentos e esclarecimentos necessários. Penso que esta informação introdutória é suficiente para ir mais longe.
Na minha próxima intervenção, gostaria de falar sobre sensores.

CAPÍTULO 5

Falar cinco

Sensores

- Se não houver perguntas sobre conversas anteriores, vamos continuar.
- Peço desculpa, mas não tive tempo de voltar a ouvir a gravação de ontem antes de entrar. Tentarei pô-la em dia amanhã de manhã. Se houver perguntas, colocá-las-ei antes da próxima reunião.
- Não creio que seja fundamental para a conversa de hoje.

Por isso, tal como combinámos da última vez, hoje vamos falar de sensores.

Toda a gente sabe que temos cinco sentidos. É através dos órgãos da visão, da audição, do olfato, do paladar e do tato (sentido tátil) que o nosso cérebro forma o seu modelo interno do mundo exterior.

Há animais com um conjunto diferente de órgãos sensoriais, pelo que a sua perceção do mundo é diferente. Quero sublinhar aqui que nem os nossos sentidos nem os órgãos sensoriais de qualquer outra criatura reflectem todas as facetas da realidade. Por exemplo, com a ajuda de instrumentos físicos, podemos detetar alterações nas vibrações electromagnéticas fora do intervalo em que essas vibrações são percebidas pelos sensores - os bastonetes e os cones dos nossos olhos. Do mesmo modo, vários desenvolvimentos de engenharia permitem-nos transmitir indiretamente informações sobre as caraterísticas do infrassom e dos ultra-sons, bem como sobre a intensidade da radiação.

Enumerei apenas algumas caraterísticas objectivas do mundo que nos rodeia. Estamos imersos nesta realidade física multifacetada desde que nascemos, e talvez mesmo um pouco antes. Não há razão para acreditar que os indicadores da realidade que enumerei acima - electromagnéticos, radiação, som - descrevem exaustivamente a essência do mundo exterior. O que acontece é que nós e outros organismos vivos, no decurso da evolução, adquirimos esses órgãos dos sentidos, graças aos quais conseguimos sobreviver. Em particular, o facto de os nossos olhos serem sensíveis à energia das vibrações electromagnéticas numa gama muito estreita de frequências (entendemo-las como cores) reflecte bastante as caraterísticas do poder de radiação do Sol. Se se tratasse de uma estrela com um espetro de radiação diferente, seriam necessários sensores de ondas electromagnéticas de uma gama de frequências diferente.

Tudo o que decorre desta análise sensorial introdutória é que o mundo real é suscetível de ter uma visão diferente daquela que percepcionamos.

- Posso imaginar como esta conclusão seria entendida por um pintor. A grande maioria das pessoas que exercem esta profissão, e dos conhecedores

de pintura, acredita que o que vemos é a realidade.
- Repito mais uma vez: para cada um de nós, a realidade é individual e é o resultado da atividade não só dos sensores periféricos (bastonetes e cones sensíveis à luz da retina, receptores especializados de outros órgãos sensoriais), mas também do cérebro.
- Se a perceção da realidade é individual, como é que comunicamos, trocamos informações sobre os objectos do mundo exterior?
- Não posso dar uma resposta exaustiva a esta questão filosófica. Recordarei apenas o que os filósofos materialistas disseram sobre o assunto: a realidade é objetiva, é-nos dada nas nossas sensações e não depende de nós.
Talvez, como fisiologista, eu possa fazer uma contra-pergunta.
Como é que acha que percebemos a dor, as emoções? Quero dizer, não se pode argumentar que elas são individuais. No entanto, as pessoas trocam impressões sobre as suas experiências emocionais. Além disso, quando vamos ao médico, ele está sobretudo interessado nas nossas sensações subjectivas, tais como o que nos dói, como nos sentimos. Como pode um médico obter informações sobre o estado objetivo da saúde do doente a partir desta "papa" subjectiva?
- Não sei, não sei! Mas o médico não usa apenas o historial. Ele também mede outra coisa, por exemplo, a temperatura, a tensão arterial, manda fazer análises. Penso que lhe foram ensinadas as regras gerais para fazer um diagnóstico com base em dados instrumentais e nos resultados das entrevistas aos doentes.
- Tem razão - ele foi treinado. E isto é tecnologia de diagnóstico. Queria apenas sublinhar que as nossas actividades quotidianas não se baseiam em informações precisas, mas em algumas pistas. E depois é complicado - o nosso cérebro faz e oferece-nos a sua interpretação do conjunto recebido de informações fragmentárias de tipo avaliativo. Por estranho que pareça, esta incompletude de informação não nos impede de sobreviver e de comunicar.
- E as fantasias do cérebro?
- Cabe a cada indivíduo suportar ou combater este subproduto da atividade cerebral. Se for um escritor e inventar contos de fadas com personagens fantásticas, é pouco provável que os seus leitores perguntem onde as viu. Eles estão presos ao enredo da sua história.
Apenas uma categoria de pessoas - os cientistas, que, aparentemente, com a imaginação não estão bem, estão sempre a tentar objetivar a realidade. Para o próprio cérebro, toda a sua criatividade parece real. É uma máquina de informação interessante. O seu alimento é a informação. O resultado da sua atividade é o conhecimento, ou melhor, uma versão, um modelo de

conhecimento construído com base em dados de entrada fragmentados. Se o cérebro fosse uma verdadeira ferramenta para objetivar o mundo que nos rodeia, dificilmente funcionaria durante o sono.

- Penso que estou de acordo consigo. Afinal, os nossos cérebros, tentando explicar os fenómenos incompreensíveis do mundo, criaram diferentes teorias. Penso que a primeira teoria foi a da magia: eu estou no centro de tudo e posso controlar tudo à minha vontade. Só a desilusão com a magia levou à teoria oposta - existem deuses todo-poderosos, nada acontece sem a sua participação, tudo é vontade deles, mas podem ser aplacados com sacrifícios.

- Para chegar a essas inferências, não foi necessário estudar os princípios do cérebro. Apenas utilizou uma das suas propriedades - o pensamento lógico. Como fisiologista, também tento recorrer à ciência do cérebro. Eis outro exemplo.

O que vemos nos nossos sonhos é tão real como as nossas impressões visuais. Por mais paradoxal que isto possa parecer, é um facto. Além disso, sempre que uma pessoa tenta recordar acontecimentos passados, tem lugar no seu cérebro uma sequência de duas fases de um mesmo processo. Em primeiro lugar, é recriado o estado dos neurónios do córtex visual, que corresponde ao estado dos neurónios durante o ato primário da visão. Na segunda fase deste processo bifásico, o estado atual dos neurónios é registado de novo. Muitas vezes, entre a primeira e a segunda fase, podem ser introduzidas informações suplementares. Por outras palavras, a memória distorce frequentemente a imagem anterior. Provavelmente, já se apanhou mais do que uma vez a pensar que não consegue ter a certeza se um acontecimento se passou realmente ou se é uma invenção. Na prática clínica, sabe-se que esta plasticidade cerebral é utilizada para apagar memórias dolorosas e substituí-las por outras agradáveis.

Antes de analisarmos como é que os nossos órgãos sensoriais permitem ao cérebro construir um modelo da realidade que nos ajuda a resolver problemas do quotidiano e até a sentir prazer estético, gostaria de vos falar de outros tipos de sensores que a maioria dos não-biólogos desconhece. Estamos a falar de um conjunto de órgãos especiais que informam o cérebro sobre o estado físico e químico do ambiente interno do corpo.

É de notar que, ao contrário dos sensores externos, cujos centros operacionais se situam nas redes neuronais do córtex cerebral, os modelos do ambiente interno do organismo são formados nas estruturas subcorticais, evolutivamente mais antigas, do cérebro. É por isso que quase todo o trabalho com estes modelos é efectuado de forma subconsciente. Só em casos especiais (por exemplo, na patologia crónica dos órgãos) é que algumas

imagens associativas vagas do subconsciente penetram na consciência.
Os órgãos sensoriais do ambiente interno são geralmente designados por órgãos receptores. A extremidade sensível da fibra nervosa de um neurónio recetor especializado está localizada no tecido. Todos os receptores internos pertencem a uma de duas classes, os quimiorreceptores e os mecanorreceptores. Cada um destes receptores é um neurónio bipolar, ou seja, tem uma parte sensível (periférica) e uma parte centrípeta (que vai para o cérebro) das fibras nervosas.
Os quimiorreceptores reagem a alterações da composição química dos meios líquidos em que se encontra a parte terminal sensível do neurónio recetor. Consoante a sua especialização, existem quimiorreceptores sensíveis à concentração de iões de hidrogénio, de oxigénio e de dióxido de carbono. Os mecanorreceptores, por outro lado, reagem à tensão mecânica no aparelho sensitivo da fibra nervosa de um neurónio mecanossensível. É feita uma distinção entre os receptores de estiramento e os receptores de pressão. Quando a geometria do aparelho sensível se altera, surge nele um potencial elétrico graduado (dependente da força). Este é transmitido ao corpo do neurónio e, em determinadas condições, provoca a geração de uma série de potenciais de ação (impulsos) que seguem o ramo centrípeto do neurónio. Regra geral, a frequência dos impulsos centrípetos está relacionada com a intensidade do estímulo primário que irrita o recetor. Todos os receptores têm os seus próprios limites de limiar e de frequência de resposta. Normalmente, entre estes extremos, a frequência dos impulsos é proporcional à amplitude do estímulo.
Os receptores da dor (*nociceptivos)* são um tipo especial de receptores. Transportam informação para o cérebro sobre estímulos excessivos, frequentemente associados a lesões.
- Espera um minuto. Diz que cada recetor tem uma gama de funcionamento diferente. Não é claro se abrange toda a gama de carga potencial, ou uma parte dela?
- Está um pouco à frente da minha pergunta. Queria apenas chamar-lhe a atenção para um facto muito importante. Até agora, quando falei de órgãos sensoriais, não disse deliberadamente nada sobre o número de sensores nervosos individuais que constituem um determinado órgão sensorial especializado.
- Não sou biólogo, mas sei um pouco sobre o olho. Talvez se lembrem que tenho estado a trabalhar no reconhecimento de padrões. Há milhões de cones e bastonetes na retina. Está a dizer que todos os bastonetes e todos os cones são iguais?

- Não. Além disso, a presença de diferenças intrínsecas numa população de células sensoriais idênticas é um pré-requisito fundamental para a perceção adequada de mudanças contínuas no sinal detectado.
- Explicação.
- Penso que concordará comigo que, se não nos referirmos a valores extremamente pequenos de comprimento e de tempo (ou seja, se não considerarmos os fenómenos quânticos nas escalas de comprimento e de tempo de Planck), então os processos decorrem continuamente. É evidente que, tendo apenas um neurónio sensorial, dificilmente é possível converter a dinâmica de uma quantidade contínua num código de impulsos com a precisão necessária. Há várias razões para este facto.
Em primeiro lugar, a frequência dos impulsos nervosos no feixe é limitada pelos processos biofísicos subjacentes à geração de impulsos neuronais (potencial de ação).
Em segundo lugar, a presença de um limiar de geração de potencial de ação corta automaticamente todos os sinais sublimiares.
Em terceiro lugar, é teoricamente possível construir um sensor que cubra toda a gama de variação do sinal de entrada. Mas isso levaria a uma diminuição da sensibilidade do sensor à taxa de variação.
A evolução deixou uma opção de compromisso. E é esta.
Um verdadeiro órgão sensorial é constituído por um grande número de células sensoriais que funcionam em paralelo. Mas há aqui uma particularidade natural muito importante. Ela decorre da natureza da formação da população de células sensoriais. Todas elas são o resultado de sucessivas divisões celulares de gerações anteriores. Há um intervalo de tempo entre duas mitoses. Isso é um. As células da população estão dispersas no espaço do órgão sensorial. É a segunda. A dinâmica espacial e temporal dos factores ambientais aleatórios (por exemplo, a intensidade do campo eletrostático, a intensidade da radiação) contribuem para a formação de cada célula de uma nova geração. Estes factores são não-estacionários, pelo que a contribuição indicada para qualquer par de células será ligeiramente diferente. Existe um fator adicional que faz com que as células de uma mesma população não sejam clones exactos. Este é o facto de o ciclo celular ter fases distintas, cuja duração depende significativamente do influxo de nutrientes através do sangue. Nem a velocidade do sangue nem a sua composição química se mantêm inalteradas ao longo do ciclo celular. O resultado é que caraterísticas biofísicas importantes das células sensoriais, como o limiar de resposta e o nível de saturação, tornam-se individuais para cada célula.

- Está a dizer que aumenta a sensibilidade sensorial do órgão sensorial à dinâmica do sinal de entrada sem aumentar a sensibilidade de cada célula nervosa?
- Exatamente. Percebem o que quero dizer. Outro homem diria: "É assim que a natureza é sábia. Eu não estou a dizer sabedoria nenhuma. A solução simples e eficaz é o mecanismo existente de divisão celular. A vantagem é que o processo real de duplicação múltipla dos elementos gera heterogeneidades internas nos mesmos. O resultado é uma população de sensores que reagem de forma assíncrona à dinâmica do ambiente. Por outras palavras, a dinâmica do impacto de entrada é codificada por uma sequência de sinais discretos de saída dos sensores. Se na extremidade recetora existir um dispositivo capaz de diferenciar os intervalos entre os impulsos de entrada, a tarefa do sistema de sensores fica resolvida.
- Mas para fornecer a precisão necessária de discretização de um parâmetro ambiental contínuo em toda a sua gama de variação, são necessárias muitas células sensoriais.
- É assim que as coisas são - na maior parte das vezes, milhões.
- E como é que a linearidade prática da resposta do órgão é assegurada? Afinal de contas, qualquer especialista que conheça os fundamentos da teoria da medição dir-lhe-á que a sensibilidade de um órgão sensorial deve permanecer constante dentro da gama de funcionamento das alterações da caraterística medida.
- Mais uma vez, tem razão. Em engenharia, este requisito é bastante rigoroso. Mas não tenho conhecimento de nenhum dispositivo técnico de medição em que milhões de sensores a funcionar em paralelo apresentem diferenças significativas entre si. Na tecnologia, existem tolerâncias claras a este respeito: todos os sensores devem diferir do sensor de referência numa quantidade insignificante. Quero sublinhar mais uma vez a palavra *paralelo*. *Estava* a falar da ativação assíncrona de diferentes sensores na população. Aqui não há nada de paralelo.
- Há uma coisa que não percebo. O que é que este esclarecimento tem a ver com a exigência de linearidade do órgão sensorial?
- Neste ponto, devemos agradecer ao grande matemático Gauss, que na sua época estabeleceu a lei normal de distribuição dos processos aleatórios naturais. Parece ter-lhe escapado um ponto importante do processo de formação de uma população internamente heterogénea de elementos sensores. Não se tratava do carácter aleatório dos valores dos factores que determinam o valor do limiar de resposta ou o valor limite de cada célula sensorial recém-formada?

- Sim, já falou sobre esses factores antes.

- Ora, não se segue que, na maioria dos casos (aquilo a que os médicos chamam norma populacional ou saúde), o histograma estatístico das distribuições do número de células sensoriais num órgão, de acordo com a magnitude do seu limiar de resposta, se aproximará da curva teórica em forma de sino,

$$f(x) = \frac{1}{\sigma\sqrt{2\pi}} e^{-\frac{(x-\mu)^2}{2\sigma^2}} ?$$

descrita pela fórmula de Gauss Recorde-se que μ mediana (valor médio), σ - desvio padrão da distribuição, a σ^2 - dispersão.

A Figura 5 mostra dois gráficos: a curva gaussiana no topo e a primeira derivada desta curva em diferentes *σ im* .

- Bem, estas curvas são familiares a qualquer pessoa que tenha estudado estatística.

- E digo mais. Todos os investigadores que lidam com objectos multicomponentes encontram estas curvas. A abundância destas curvas reflecte-se em publicações de física experimental, química, biologia e até sociologia e economia.

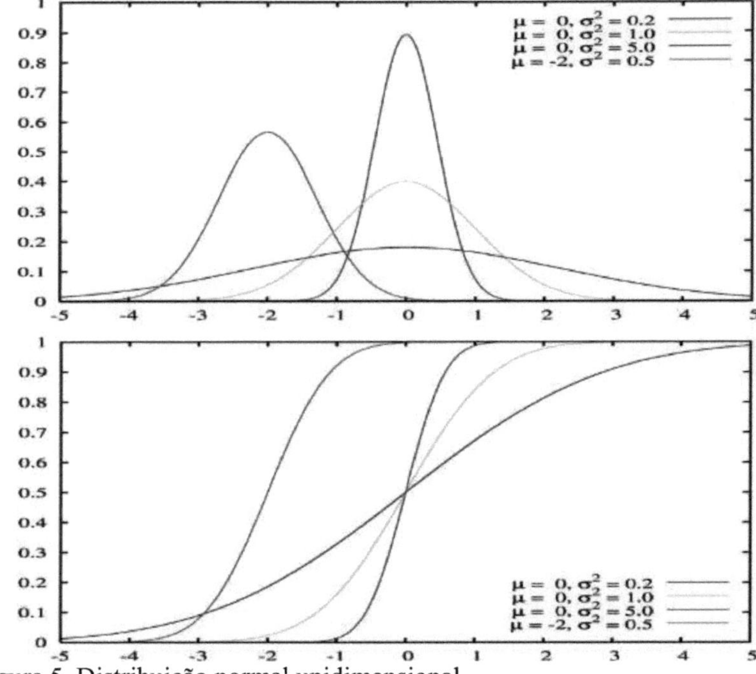

Figura 5. Distribuição normal unidimensional

Penso que vale a pena recordar que o próprio Gauss não derivou a sua famosa fórmula de distribuição normal por meios teóricos. Ele encontrou uma fórmula que se aproximava bem do histograma das distribuições dos resultados das medições. A maçã não ajudou apenas Newton. Gauss tinha o seu próprio interesse pelas maçãs. Fez um estudo especial: pesou cada maçã de uma plantação de macieiras. Reparou que o número de maçãs de diferentes pesos era diferente. Dividiu todo o intervalo de peso em intervalos iguais e contou o número de maçãs em cada intervalo. A partir destas medidas, construiu um histograma e verificou que o maior número de maçãs se encontrava nos valores intermédios dos seus pesos. À esquerda e à direita desse valor de peso, o número de maçãs em cada categoria de peso diminuía quase simetricamente. A partir desta observação, concluiu que todos os fenómenos naturais aleatórios parecem ter a maior probabilidade de ter valores médios. E isso é normal!

- Parece-me muito engraçado. Já utilizei a fórmula da distribuição normal muitas vezes e não conseguia perceber como é que os dois famosos números e e π apareciam nesta fórmula! Agora estou a perceber. Ele acabou de encontrar a fórmula de aproximação correta.

- É duplamente engraçado porque também tenho andado a pensar nesta questão.

Coloquemos nos eixos horizontais dos gráficos da nossa figura os valores dos limiares das células sensoriais. E no eixo das ordenadas - o número de células com este limiar. Vejamos a figura de baixo. Em primeiro lugar, como se pode ver no gráfico, existem não-linearidades óbvias entre os valores extremos do limiar, ou seja, à esquerda e à direita do meio. A parte central do gráfico, pelo contrário, é quase linear. Por outras palavras, a resposta à sua pergunta sobre a sensibilidade constante do órgão sensor é a seguinte: na zona dos valores de funcionamento do órgão, este apresenta uma sensibilidade quase constante.

A segunda conclusão é que, em valores extremos do sinal de entrada, o erro desse órgão sensorial aumenta devido à não linearidade. Mas também quero salientar que a sensibilidade máxima do órgão sensorial recai sobre os valores médios do limiar dos receptores.

Olhando para o futuro, o nosso órgão sensorial não pode ser considerado ideal. Mas, dado que durante a maior parte da nossa vida as magnitudes dos sinais externos também se distribuem normalmente, o órgão e o sistema de resposta que lhe está associado têm um desempenho quase ótimo.

- Olha, convenceste-me completamente. Há quanto tempo é que isto é conhecido?

- Finalmente é altura de me gabar! A ideia surgiu-me no final de 1988, mas só a provei matematicamente em 1990. Houve uma publicação correspondente em "Papers of the USSR Academy of Sciences". Houve outras publicações. Mas receio que até agora os biólogos nem sequer estejam conscientes da existência deste padrão. Os seus cérebros estão estruturados de forma diferente. Para fazer tal inferência, teriam de testar todos os receptores de todos os órgãos sensoriais! Isto não só é difícil, como também não se sabe porquê.

- Mais uma pergunta, só isso. Não disse nada sobre pêlos no corpo.

- Eu também não disse nada sobre o couro cabeludo. O que é que tem? Queres saber a minha opinião sobre se os humanos vão precisar de cabelo no futuro, ou se este vestígio do passado animal só servirá para dar um toque sexual?

- Permitam-me que formule a questão. Considero os pêlos do corpo, pelo menos nas extremidades, como um certo recurso, irrelevante na fase atual, que poderia servir como um canal adicional de entrada de informação no cérebro. Para esclarecer: este canal poderia ser a base para a perceção de modalidades da realidade como, por exemplo, a radiação e o infrassom. Será isto possível?

- Teoricamente, sim. Isto é indicado pelo facto de, em alguns animais (por exemplo, gatos, cães, leopardos marinhos, focas e calans), uma parte do pelo do focinho ser mais espessa e servir de recetor de vibrações. Se os animais terrestres utilizam estas *vibrissas* para determinar as dimensões das aberturas por onde vão rastejar, os predadores marinhos acima referidos utilizam-nas para sentir o rasto das ondas deixado pelos peixes. Este órgão revelou-se uma aquisição evolutiva bastante eficaz para eles.

Se esta ideia for devidamente desenvolvida, talvez possa ser útil para o ser humano do futuro. Mas penso que é mais realista utilizar esses receptores tácteis na robótica.

- Agora descansa, e eu vou explicar brevemente como compreendi a estrutura e o funcionamento do órgão sensorial. Corrigir-me-ão se houver algum erro.

Assim, de uma forma desconhecida, nasceu uma célula sensorial especializada. Tem uma caraterística de limiar - só é acionada quando o nível do sinal na entrada excede o valor do limiar. O sinal de entrada é analógico. O sensor produz impulsos. Por outras palavras, estamos a lidar com a discretização da informação sobre uma variável dinâmica contínua. O número de impulsos de saída é proporcional ao valor do sinal de entrada, mas não pode ultrapassar um determinado valor limite, a que chamamos nível de saturação do sensor. Uma célula divide-se repetidamente de acordo com o seu programa genético. Com o tempo, forma-se uma população inteira a

partir da célula sensorial original. Devido a ligeiras diferenças nas condições de nascimento e maturação de cada nova célula filha, a população resultante contém sensores que não são exatamente idênticos. Quando um sinal de amplitude variável é aplicado à entrada de um órgão, o número de células que respondem varia com a velocidade e a amplitude do sinal. Tudo isto permite que a dinâmica primária contínua do sinal seja codificada numa
como sequências de impulsos centrípetos, de modo a que o número de impulsos codifique a amplitude do sinal e o intervalo entre impulsos vizinhos codifique a taxa de variação do sinal.
- Sim, é altura de o elogiar também. Acertaste. Vamos seguir em frente.
Não me vou alongar sobre as nuances dos diferentes tipos de células sensoriais exteroreceptoras. Apenas referirei que o método de codificação se baseia no limiar caraterístico do neurónio sensorial.
Em seguida, penso que é necessário falar dos interoreceptores. Recordo que estes fornecem ao cérebro informações sobre parâmetros internos, ou seja, variáveis fisiológicas vitais. Existem muitas variáveis deste género. Uma vez que estou próximo do problema da regulação da circulação sanguínea, vou descrever o mecanismo de funcionamento dos mecanorreceptores localizados nas paredes das artérias. Com a ajuda destes receptores, as estruturas do cérebro ajustam automaticamente o valor da pressão arterial. Uma vez que estes receptores estão espalhados em diferentes partes da árvore arterial, é apropriado falar de um sistema recetor. As fibras nervosas centrípetas de diferentes receptores estão reunidas sob a forma de um nervo multifibras.
Existem grupos de nervos específicos (núcleos) no cérebro, mais precisamente na sua parte, a medula oblonga, que controla as chamadas funções autonómicas. Ninguém contou exatamente o número de células nervosas de um núcleo individual. Mas sabe-se que alguns núcleos reagem principalmente à respiração, outros - à pressão arterial, outros - à dor, outros - aos fluxos de impulsos provenientes dos órgãos digestivos, bem como de quimiorreceptores periféricos especiais que reagem à acidez do ambiente, à concentração de iões de hidrogénio ou de oxigénio no sangue arterial.
Houve uma época em que se pensava que um núcleo regulava a atividade do coração e dos vasos sanguíneos, outro regulava os pulmões, e assim por diante. Atualmente, sabe-se que se trata de um equívoco. De facto, uma fibra nervosa sensorial ascendente forma muitos ramos pré-terminais. Estes formam sinapses com neurónios de vários núcleos simultaneamente. Além disso, uma parte das sinapses terminais que convergem para um neurónio pode pertencer à fibra barorreceptora, outra parte à fibra quimiorreceptora e outra parte à fibra da dor. Além disso, as fibras nervosas capazes de modular

(estimular ou inibir) a atividade destes neurónios do mesmo núcleo provêm dos neurónios das estruturas cerebrais superiores para os neurónios destes núcleos. Em geral, parece que cada neurónio dos núcleos considerados é um integrador de informações de diferentes modalidades. Por outras palavras, a regulação nervosa dos órgãos e dos sistemas de suporte de vida é mais complexa do que se imaginava há alguns anos.

Tudo isto levou-me a propor um conceito alternativo de otimização da circulação sanguínea, que será discutido separadamente. Entretanto, vamos falar um pouco mais sobre os barorreceptores arteriais.

As maiores acumulações de mecanorreceptores estão espacialmente localizadas em três regiões da árvore arterial. Uma dessas áreas (zonas) está localizada no arco aórtico e ocupa aproximadamente 1,5 centímetros quadrados. As outras duas estão localizadas nas artérias carótidas direita e esquerda, no ponto em que a artéria *carótida* comum se ramifica em ramos externos e internos (este local é designado por *seios carotídeos*). Os receptores respondem a diferenças de pressão entre o interior e o exterior das artérias.

Os fisiologistas acreditam que a contribuição relativa da zona recetora do arco aórtico é aproximadamente igual à contribuição total das zonas de ambos os seios carotídeos.

CAPÍTULO 6

Conversa seis

Cadeias causais

- Hoje quero falar sobre a forma como a vida utiliza relações causais longas e em várias etapas.
- Não está a dizer que a vida, desprovida de inteligência, sabe como planear combinações de vários movimentos?
- Isso é uma coisa que nunca me vão ouvir dizer.
- O que devo, então, entender por longas ligações causais?
- Não sei se via desenhos animados americanos, ou pelo menos a série soviética sobre Leopold, o gato e os ratos.
- Quando os desenhos animados americanos apareceram no nosso país, a minha filha já não estava na idade de ver desenhos animados.
- É melhor! Sabem, eu tive mais sorte neste caso - ri-me imenso com os meus filhos com as aventuras das personagens de desenhos animados.
- E se eu não o visse e me risse, não percebesse nada da sua explicação?
- Vai ser um pouco apertado, mas vou tentar explicar pelo menos com o exemplo do gato Leopoldo e dos ratos.

Os ratos lutaram contra o gato de uma forma peculiar. Fizeram construções bastante complicadas de elos, cada um dos quais bem encaixado no anterior e no seguinte. Na estática, a construção parecia absurda: não havia nenhuma ligação visível entre o primeiro e o último elo. Mas cada vez que o gato pisava o inócuo primeiro elo, funcionava como o princípio do dominó, mas apenas com um certo atraso para a conclusão de cada ato intermédio (por exemplo, até a vela se apagar). Quando o ato em curso estava concluído, o mecanismo seguinte era desencadeado. O gato observava muitas vezes com interesse tudo o que se passava, sem suspeitar de como iria acabar. Quando o último ato deste cenário do rato estava concluído, o gato recebia finalmente uma tareia.

- Não sei onde queres chegar com isto.
- A questão é que eu não disse o essencial: cada elo seguinte da longa cadeia precisava apenas de um pequeno empurrão para ser acionado. É desse pequeno empurrão que se trata.

A vida baseia-se em processos químicos irreversíveis. Mas, no interior da célula, existem também algumas reacções químicas reversíveis. As reacções que conduzem a complicações estruturais (contra a segunda lei da termodinâmica, ou seja, no sentido da redução da entropia) requerem energia. E, regra geral, não há nenhum sítio onde se possa obter muita energia livre.

Mas muitas vezes os processos naturais são acompanhados pela libertação de uma pequena porção de energia. Pode ser suficiente para causar um efeito específico, mas pequeno e simples. Estas reacções são comuns na natureza inanimada. Mas, nas células, muitas reacções químicas de um só ato estão unidas numa cadeia tão longa que, passo a passo, a próxima pequena porção de energia libertada desencadeia e apoia a reação química seguinte. O resultado da cadeia é um agente químico específico, que por vezes dá origem a outra longa cadeia de causalidade.
Note-se que a conversão dos hidratos de carbono e do oxigénio no produto final, as macroenergias ATP nas mitocôndrias, é precisamente uma cadeia causal, conhecida como ciclo de Krebs.
- Como é que surgiu uma cadeia tão complexa?
- A julgar pelo facto de os bioquímicos terem descrito diferentes versões deste ciclo em organismos em diferentes fases da evolução, resta uma resposta: por seleção natural.
- Que outros exemplos pode dar?
- Vamos simplificar um pouco os exemplos. Aqui está a perna. É constituída pelo fémur, pela tíbia e pelo pé. Os ossos do fémur e da tíbia têm peças terminais que se articulam como dobradiças. Ligados a cada osso estão tendões e músculos, de modo que a contração de certos músculos provoca alterações na disposição mútua dos ossos. É bastante visual. Os membros superiores estão organizados mais ou menos segundo o mesmo princípio. Por outras palavras, o sistema músculo-esquelético é um sistema causal biomecânico bastante simples.
Mas o nosso corpo tem outros sistemas complexos, para além das múltiplas relações bioquímicas.
- Quais?
- Bem, pelo menos o sistema de locomoção.
- Mas que raio é isto?
- Em termos simples, trata-se de orientação e movimento no espaço. Penso que não preciso de o convencer da importância deste sistema nas nossas vidas.
O corpo humano não tem vantagens especiais neste domínio em relação aos outros animais. Uma criança só aprende a pôr-se de pé e a dar os primeiros passos quando tem cerca de um ano de idade. Alguns animais fazem-no algumas horas após o nascimento. É claro que é mais difícil pôr-se de pé e andar sobre duas pernas do que sobre quatro. Mas eu queria chamar a vossa atenção para outro aspeto, nomeadamente o facto de este processo envolver não só um grande número de músculos, ossos e tendões, mas também uma

série de mediadores. Estes incluem órgãos receptores especializados, sistemas condutores de nervos na espinal medula e estruturas especiais no cérebro. Além disso, este sistema só é funcional com a participação de sistemas de interface que asseguram a atividade vital das células de todos os participantes num único processo de integração.
As perturbações no funcionamento normal de qualquer um destes elos da longa cadeia dão origem a disfunções locomotoras específicas. Algumas causas de disfunção locomotora são óbvias (por exemplo, lesões musculares ou tendinosas, tremor vestibular). Outras perturbações (por exemplo, o tremor nas lesões cerebelares) têm sintomas caraterísticos e são facilmente reconhecidas pelos especialistas. Mas há problemas cuja origem é o funcionamento inadequado dos sistemas de suporte de vida dos órgãos de locomoção. Estes problemas raramente são objeto de estudo dos médicos ortopedistas. Na minha opinião, esta falha geral da medicina moderna, dividida em especialidades estreitas, não contribui para uma compreensão correta da fisiologia dos processos integrativos a longo prazo.
- Porque é que associa a integração ao tempo? Sempre entendi a palavra "integração" como o funcionamento conjunto de vários órgãos.
- Esta é uma visão simplista da integração. Igualmente simplista é a noção de que toda a atividade integradora é organizada e conduzida através do cérebro. Existe um sistema de suporte de vida. É por vezes chamado sistema autónomo. Seja como for, sem um suporte de vida celular adequado, qualquer integração funcional desintegra-se muito rapidamente.
- Porquê?
- Porque os interesses próprios das células e do organismo raramente coincidem!
- Isso parece-me quase provocador! Sempre pensei que as células eram as servas do corpo. E aqui está a insinuar que elas podem fazer mal umas às outras. O quê, as células são os ladrões e o cérebro é o terrorista?
- Parece engraçado, mas tem algo de verdade! Falemos disso noutra altura. Agora é mais importante compreender o princípio da formação de cadeias causais a partir de diferentes tipos de células.
- Talvez o que vou perguntar não seja realmente relevante para o tema da conversa de hoje, mas estou de alguma forma confuso sobre as semelhanças e diferenças das células especializadas. Podemos falar um pouco sobre isso?
- Vou experimentar.
Para o efeito, voltemos à célula convencional, que foi considerada a precursora de todas as nossas células. Ela foi capaz de criar uma composição físico-química do citoplasma que proporcionou a taxa óptima do seu

metabolismo. Noto que esta composição era diferente da composição do espaço pericelular. Notarei também que influências externas espontâneas, pouco frequentes, abriam aqui e ali poros (portas iónicas) da membrana celular. A diferença de concentração de substâncias em ambos os lados da membrana provocava correntes iónicas através da membrana e o potencial de repouso da célula diminuía. A célula combateu este fenómeno com a ajuda de bombas especiais localizadas na membrana. As bombas, alimentadas pela energia do ATP, restauraram rapidamente a composição óptima do citoplasma. Por outras palavras, esta composição variava normalmente.

A grande maioria das nossas células especializadas continua a existir neste modo. A única forma de comunicação intercelular consiste em aumentar ou inibir o metabolismo da célula parceira através dos seus produtos residuais (metabolitos). Já sabemos que o meio para esta comunicação pode ser fluido (intercelular, sangue). Sabemos também que esta interação não tem uma velocidade elevada.

Imaginemos agora que um determinado conjunto de mutações no genoma desta célula leva ao aparecimento de uma nova variante da célula. Nela, sob a influência de factores de perturbação externos, são abertos muitos mais canais iónicos do que na variante original da célula. O que é que acontece neste caso?

- As concentrações dos mesmos iões em ambos os lados da membrana tornar-se-ão muito rapidamente iguais.

- Exatamente! Mas isso é a morte da célula. O seu metabolismo deixará de funcionar. Por isso, é lógico pensar que só sobreviveram as células em que, para além das mutações acima referidas, havia também uma que contribuía para os processos de restabelecimento do desequilíbrio iónico em ambos os lados da membrana.

- Percebeu-se a dica: para além do processo de igualização das concentrações, surgiu também o restabelecimento do desequilíbrio inicial dessas concentrações. Como estamos a falar de concentrações iónicas, esta oscilação bifásica assemelha-se a um impulso elétrico. De facto, nasceu uma célula nervosa.

- Tens razão, mas parcialmente. Surgiu um grupo de células com esta propriedade. Como eu disse, este grupo inclui todos os tipos de células excitáveis.

- Quais são as diferenças entre os dois?

- Há muitas diferenças, mas para não o sobrecarregar com pormenores desnecessários, darei apenas alguns exemplos.

A primeira são as células musculares cardíacas. A sua caraterística é a longa

duração do estado de excitação - até várias centenas de milissegundos. A título de comparação, a duração típica de um impulso nervoso não excede alguns milissegundos.
A segunda é a das células de ritmo. Até agora, referi que o potencial de repouso nas células nervosas e musculares permanece constante até que um fator externo actue sobre a célula para abrir os seus canais iónicos. As células marcapasso diferem das outras células excitáveis na medida em que não é necessária nenhuma força externa para abrir os seus canais iónicos.
- Dos meus anos de estudante, lembro-me de um circuito técnico especial chamado "multivibrador". Este gera automaticamente impulsos com uma frequência definida pelos parâmetros do circuito. Será que a célula de pacemaker desempenha a mesma função?
- Sim. Cada célula de estimulação gera espontaneamente um potencial de ação. É este tipo de célula à entrada da aurícula direita que dá ao coração o seu ritmo de contração espontâneo.
- Como se altera, então, a taxa de contração do coração humano?
- A questão é que o ritmo de descarga das células de pacemaker é modulado em função da temperatura e da composição química do fluido intercelular local. É devido à sensibilidade das células de pacemaker aos agentes químicos que o intervalo antes do início do próximo ato de contração cardíaca aumenta ou diminui. Quanto à temperatura, quando a temperatura do sangue aumenta um grau, a frequência das contracções cardíacas aumenta em cerca de 10 batimentos por minuto. Esta é a regulação neuro-humoral da frequência cardíaca.
- Onde mais, para além do coração, existem células marcadoras de ritmo?
- Predominantemente no cérebro.
- Como é que uma célula muscular funciona? Disseste que também faz parte do grupo das células excitáveis.
- Em primeiro lugar, importa esclarecer que existem três tipos de células musculares. O primeiro são as células musculares lisas, o segundo são as células musculares esqueléticas e o terceiro são *as células* musculares cardíacas, *os cardiomiócitos.* A célula muscular é oblonga. Na direção transversal do cardiomiócito e da célula muscular esquelética, alternam-se áreas escuras e claras, pelo que estas células são designadas por células estriadas transversais.
Uma caraterística da célula muscular é a sua capacidade de encurtar o seu comprimento. Isto acontece graças a duas proteínas filamentosas intramusculares, a actina e a miosina. Estas proteínas estão dispostas numa única linha reta. Ao contrário de uma célula muscular lisa, no estado relaxado

de uma célula estriada transversal, os filamentos de actina e miosina estão parcialmente sobrepostos, o que cria a banda escura.
Outro aspeto caraterístico da célula muscular, que a torna semelhante a um neurónio e ao mesmo tempo diferente dele, é que após o estado de excitação eléctrica, desenvolve-se no músculo um processo especial de acoplamento eletromecânico. Nesta fase, os filamentos de actina e miosina deslizam um em direção ao outro, o seu comprimento total diminui. Este é o efeito da contração muscular. Dura algum tempo, após o qual processos iónicos específicos (não entrarei em pormenores) restabelecem o estado inicial do complexo actina-miosina, ou seja, o músculo relaxa.
Os vasos sanguíneos estão equipados com células musculares lisas. A contração destas células reduz o lúmen do vaso. Esta propriedade das células musculares lisas é utilizada por mecanismos nervosos e humorais para controlar o fluxo sanguíneo através dos vasos regionais. Indiretamente, as alterações no comprimento do músculo liso vascular alteram a pressão arterial.
- E as células secretoras? Em que cadeias causais estão elas envolvidas?
- Esta classe de células especializadas é a mais extensa. Basta dizer que o sistema digestivo está repleto de diferentes variedades destas células. Algumas produzem saliva (um líquido com muitas enzimas alimentares), outras produzem suco gástrico, enquanto outras, localizadas no pâncreas, produzem insulina, que ajuda a converter o excesso de glicose em formas que podem ser armazenadas em reserva no fígado e nos músculos. Cada secção do intestino longo tem as suas próprias células secretoras especializadas.
- E todos eles também tiveram a sua própria evolução?
- Não tenho informações sobre a série evolutiva das células secretoras digestivas. No entanto, há razões para acreditar que a resposta à sua pergunta é afirmativa.
De um modo geral, não devemos esquecer que o próprio segredo celular não é necessário ao seu produtor. A este respeito, gostaríamos de recordar mais uma vez que cada célula elimina metabolitos desnecessários. Uma vez que alguns destes metabolitos se revelam úteis para células de outro tipo, forma-se entre elas uma relação produtor-consumidor.
- Mas se a própria célula se livra de metabolitos desnecessários, porque é que é necessária a chegada de um impulso de desencadeamento à célula secretora?
- Normalmente, no interior da célula, alguns metabolitos acumulam-se sob a forma de bolhas. Quando há muitas bolhas, há uma libertação natural e lenta para o ambiente celular próximo. Mas um choque externo favorece a

libertação simultânea de um grande número de moléculas de metabolitos. Para além disso, a acumulação da maioria dos metabolitos no citoplasma por feedback químico negativo inibe a sua produção. Por conseguinte, a remoção de metabolitos do citoplasma favorece as reacções químicas que produzem esses metabolitos.

- Não disse nada sobre a pele, que é um órgão tão importante. Não é por acaso que tem o título de maior órgão!

- As versões evolutivas da pele são inúmeras. O papel geral de qualquer tipo de pele é a proteção contra danos físicos e a penetração de microorganismos estranhos e nocivos no organismo que a possui. Até as plantas têm pele, ou melhor, casca com as mesmas funções. Se restringirmos a sua pergunta aos seres humanos, a pele tem outra função importante que pode ser considerada numa perspetiva causal. Estou a referir-me à nossa capacidade de regular a temperatura corporal, ou mais precisamente, de manter uma relativa estabilidade da temperatura interna. Em termos científicos, chama-se a isto homoeotermia, que se opõe à poiquilotermia (vulgarmente designada por sangue frio).

A cadeia causal subjacente à capacidade de homotermia envolve quase todo o organismo. Esta avaliação é legítima, quanto mais não seja porque o calor a distribuir pelas diferentes partes do corpo é produzido por todas as células, devido à imperfeição dos mecanismos que utilizam a energia do decaimento macroergético. Além disso, a favor desta estimativa fala o facto de que o calor alocado em regiões separadas do corpo através do sangue é distribuído por todo o corpo, ou seja, há uma equalização da temperatura nas células activas e nas células passivas ocupadas apenas com o seu metabolismo e reprodução.

A pele, devido à sua grande área de superfície, funciona como um radiador. Através dela, o excesso de calor é transferido para o ambiente por radiação e convecção, se, naturalmente, a sua temperatura for inferior à temperatura da pele. Caso contrário, a remoção do calor é efectuada apenas por evaporação. Além disso, a evaporação também se efectua através dos pulmões.

Já referi que o aumento da temperatura do sangue, por um mecanismo puramente biofísico, acelera o trabalho do coração. Por outras palavras, a velocidade volumétrica do sangue e a sua capacidade de transferência de calor e massa aumentam. Existe também um mecanismo biofísico de dilatação vascular devido à temperatura. Ambos os mecanismos aceleram a dissipação de calor.

Para além destes mecanismos biofísicos, existe um sistema de regulação baseado no feedback. O elo central desta cadeia reguladora é um núcleo neuronal no hipotálamo (uma formação na parte central do cérebro). Estes neurónios recebem informações dos termorreceptores periféricos através de vias aferentes. Se os impulsos recebidos indicarem um aumento da temperatura, o centro nervoso envia impulsos inibitórios para os neurónios simpáticos da medula oblonga. Uma diminuição da frequência dos impulsos vasoconstritores que viajam do cérebro para os pequenos vasos da pele (arteríolas) leva à sua dilatação. Isto aumenta o fluxo sanguíneo cutâneo e a transferência de calor para o ambiente.

- Como é que o corpo combate a constipação?
- Pior!

O corpo humano é praticamente incapaz de controlar o processo de produção de calor. Apenas combate o seu excesso de forma mais ou menos eficaz. Só em casos extremos de descida da temperatura corporal (abaixo dos 32 graus Celsius) é que o tremor muscular é ativado, mas o calor adicional produzido é reduzido. Por conseguinte, é necessário evitar as geadas ou isolar bem o corpo das baixas temperaturas.

CAPÍTULO 7

Conversa sete

Cadeias causais (continuação)

- Ontem falámos de cadeias causais bioquímicas e fisiológicas com várias etapas. Antes de continuarmos este tópico e falarmos de outros exemplos de tais cadeias, gostaria, como se tornou uma boa tradição nas nossas conversas, de vos perguntar se têm mais alguma questão a colocar-me?
- Sim, existem. Quando voltei a ouvir as nossas gravações ontem à noite, tinha claramente uma pergunta: existem cadeias bioquímicas incompletas no nosso corpo? Para esclarecer: por cadeia incompleta, entendo uma cadeia química curta ou longa que produz um produto inútil ou mesmo nocivo para o organismo.
- Não li nada sobre a existência de tais cadeias. Mas, por outro lado, não há qualquer proibição da existência de tais cadeias.

Vou dizer mais do que isso!

Afinal, a causa do aparecimento de qualquer novo ramo na árvore da evolução (neste caso, estou a falar de evolução bioquímica) é um processo aleatório. Durante a vida de um organismo, uma célula divide-se muitas vezes. Cada ato de divisão contém a replicação do ADN. Já dissemos que este processo não tem uma fiabilidade absoluta. Recordo que a frequência média de mutações no genoma humano é estimada em 1 mutação por cada 1000 genes. Por outras palavras, cerca de 25 genes mutantes por cada divisão. Se uma célula viver até ao seu limite Hayflick, este número é multiplicado por 50 e obtemos 1250 mutações.
- Espera! Mas isso sugere que no organismo antigo, quase 5% dos genes já são mutantes!
- Embora esta extrapolação linear nem sempre seja exacta, a estimativa é geralmente correta.
- E quantos genes têm de sofrer mutações para que o cancro ocorra?
- Foi aqui que expressou o medo natural que todos temos do cancro!

De facto, o papel das mutações no desenvolvimento da oncologia não é tão claro como se pensa.
- O que é que podem fazer para acalmar os meus receios?
- Noto que, com a sua pergunta, está a desviar-me do plano para a conversa de hoje. Mas já que insiste, há uma coisa que o posso esclarecer.

Existem muitas variedades de cancro, e cada uma delas pode ter as suas próprias causas e dinâmicas. Talvez o ponto de partida seja o facto de uma célula normal crescer e multiplicar-se até entrar em contacto com as células vizinhas. Assim que sente o contacto, pára de crescer nessa direção. Se não houver mais espaço à volta da célula em crescimento, esta pára de crescer e de se dividir, entrando *na interfase do* ciclo celular. É nesta fase que a maioria das nossas células especializadas pode permanecer até que algum fator reactive o processo de divisão celular.

Em oncologia, é importante recordar que a interrupção do crescimento e da divisão de uma célula quando esta entra em contacto com as suas vizinhas é um fenómeno normal e designa-se por *inibição de contacto.*

Qualquer oncologia só se desenvolve depois de o mecanismo de inibição de contacto ser perturbado. Foi estabelecido que isto requer a ocorrência de mutações específicas em dois genes, P16 e P53, na célula. O curso do processo maligno depende de muitas condições adicionais de suporte de vida da célula mutante.

- Esta alteração genética é acompanhada por quaisquer alterações bioquímicas que possam ser marcadores para um diagnóstico precoce?

- Não sou um especialista neste domínio para nomear marcadores específicos. Mas como já li alguma literatura, posso dizer que existem alguns. Além disso, o sistema imunitário saudável do organismo utiliza uma série de marcadores deste tipo para reconhecer e destruir uma célula maligna.

- O aparecimento de células mutantes é um acontecimento raro?

- Eu não diria isso. De acordo com várias estimativas, pelo menos 25% das células recém-emergidas não estão isentas de defeitos. Destas, cerca de 10% são potenciais células cancerígenas. Uma vez que atingimos uma idade respeitável sem cancro, há todas as razões para acreditar que o nosso sistema imunitário ainda está a lidar com uma das suas principais tarefas - combater as células cancerígenas.

- Por que razão, então, os médicos nos assustam tanto com os agentes cancerígenos?

- De facto, os médicos não são pessoas más! É apenas a forma como foram ensinados pelos seus professores. Nos seus tempos de juventude e de formação profissional, havia uma teoria popular que dizia que o cancro era consequência de quase todas as mutações genéticas. Uma vez que um grande número de produtos químicos tem a propriedade de provocar mutações, foram classificados como potenciais agentes cancerígenos. A teoria do cancro é também uma teoria que inclui os efeitos da energia física (radiação ultravioleta, solar e cósmica).

Cheguei mesmo a ler uma publicação que afirmava que qualquer ferida que não cicatriza durante muito tempo aumenta a probabilidade de cancro. Há alguma verdade nisso, uma vez que a cicatrização de feridas é a substituição de células feridas por novas células. Com a cronicidade, é necessário produzir um grande número de novas células. O aumento da frequência do ciclo celular aumenta o número de células mutantes e a carga sobre o sistema imunitário. Mas há mais um aspeto a ter em conta.

A teoria mutacional da carcinogénese considera que uma única mutação pode alterar de tal forma os processos bioquímicos da célula que a probabilidade de perder a propriedade de inibição de contacto aumenta com o tempo. Pessoalmente, simpatizo mais com outra teoria, que foi proposta pelo oncologista americano Peter Duesberg. Ele descobriu que quase todas as células cancerosas têm cromossomas altamente alterados, a que chamou cromossomas quiméricos.

Para que fique claro como é que a teoria de Duesberg difere de outras teorias mutacionais, notarei que, em média, existem cerca de 1000 genes num par de cromossomas. Uma mutação é um processo aleatório que afecta uma pequena secção do ADN. Regra geral, uma única mutação dificilmente altera o número de genes de um cromossoma. Nas células cancerosas reais, ocorrem aberrações cromossómicas, resultando num aumento de 600800 genes no comprimento do cromossoma. De facto, as células quiméricas aparecem no corpo humano como resultado de aberrações cromossómicas. Além disso, nem todas as células quiméricas são necessariamente malignas. Se é um observador atento, já deve ter reparado que, com a idade, surgem no rosto e noutras partes do corpo humano formações pigmentadas, verrugas e outras. Trata-se de células quiméricas. O seu genoma difere significativamente do genoma humano. No entanto, convivemos com elas sem qualquer problema.

A este respeito, considero um fenómeno divertido e instrutivo ao mesmo tempo. Em tempos, os biólogos classificaram os animais vertebrados segundo caraterísticas externas comuns. E verificou-se que, de acordo com algumas caraterísticas, um simples organismo aquático chamado lanceolado é o antepassado de quase todos os vertebrados, incluindo nós. E, recentemente, os geneticistas, depois de compararem o genoma do lanceolado com o genoma humano, ficaram espantados: verificou-se que o nosso genoma é quase o quádruplo do genoma do lanceolado.

- Quer dizer que algum fator causou uma aberração cromossómica tão grande no Lancetnik que os genes se sobrepuseram em pedaços tão grandes e produziram um organismo completamente novo?

- Na verdade, não tenho liberdade para fazer afirmações tão abrangentes. Mas é o que dizem os próprios geneticistas. Apenas concordo com eles que quatrocentos milhões de anos não é claramente tempo suficiente para que mutações únicas de baixa frequência transformem organismos simples primitivos nas espécies animais que conhecemos. Não há alternativa senão aceitar que, de tempos a tempos, o curso medido da evolução foi subitamente alterado e novas espécies de organismos surgiram. Na minha opinião, o mecanismo das aberrações cromossómicas fornece-nos uma explicação simples e lógica tanto para a especiação como para a oncogénese.

- Está a ver a generalização que fez. E eu não queria desviar-me do tema pretendido! Penso que este conhecimento, aparentemente privado, não é supérfluo para uma compreensão correta das regras de coexistência das nossas células. Confirma que o acaso desempenhou um papel importante, se não o mais importante, na origem e evolução não só dos organismos unicelulares mais simples, mas também dos organismos multicelulares.
- Nesta nota otimista, voltemos às nossas relações causais.

Aceitando que os circuitos bioquímicos incompletos do nosso corpo não estão excluídos, chegamos a uma questão filosófica importante: o nosso corpo é ótimo se o encararmos como uma máquina bioquímica?

A resposta a esta questão depende muito da filosofia da medicina.

Se um organismo utiliza recursos para suportar transformações bioquímicas inúteis, está claramente em situação de suboptimização. Isto levanta novas questões. Como é que devemos entender a saúde? Como é que os médicos devem definir estratégias para tratar as doenças?

Teoricamente, a identificação de cadeias bioquímicas incompletas esconde novas pistas de tratamento baseadas em tecnologias de neutralização ou de utilização de produtos químicos endógenos (produzidos pelas nossas células).

- Isso parece-me demasiado fantástico. Haverá uma aplicação mais prática para este conhecimento?
- Sinto intuitivamente que sim. Há mesmo algumas considerações.
- Partilhar.
- Não, não vou. Preciso de pensar um pouco mais sobre isto

Voltemos ao problema do antagonismo celular. Lembrem-se de que dei a entender isso no final da nossa terceira conversa e prometi falar mais tarde sobre o assunto com mais pormenor. Alguns desses pormenores já foram revelados quando tratámos dos princípios de funcionamento dos sensores e considerámos as relações causais. Penso que a minha tarefa é agora um pouco mais fácil. Devo apenas fazer algumas generalizações.

De facto, já sabemos que cada célula, independentemente da sua especialização, só está interessada em viver o mais confortavelmente possível. Para obter esse conforto, compete com todas as células da comunidade, ou seja, tenta aumentar o seu consumo até ao máximo geneticamente determinado. Se o conseguir, limitar-se-á a cumprir o seu

programa genético de reprodução.
Esta maximização é dificultada por duas circunstâncias: a baixa concentração de todas as substâncias vitais no sangue e o pequeno valor do fluxo sanguíneo local. Quando todas as substâncias químicas necessárias estão presentes no sangue, a sua redistribuição a favor de um ou outro grupo de consumidores activos é efectuada por mecanismos fisiológicos. Estes regulam o débito cardíaco e a pressão arterial, dilatam ou contraem os vasos regionais. A carência de uma determinada substância no sangue pode ser reposta de duas maneiras: a partir de depósitos internos (caso existam) e através da ativação de duas cadeias causais específicas. A primeira delas, a procura de alimentos, é um complexo de reacções comportamentais. A segunda, a ativação do sistema digestivo, combina comportamento e fisiologia.
Sabe-se que a taxa metabólica média e, por conseguinte, a necessidade média de nutrientes, é diferente nas células de diferentes especializações. Sabe-se também que as necessidades de nutrientes de cada célula são variáveis, consoante a fase do ciclo de vida em que a célula se encontra. Por conseguinte, para se aproximar do regime, que acima se designou por confortável, alguns mecanismos fisiológicos devem receber continuamente informações sobre as necessidades das células e tentar satisfazê-las.
Já sabemos que qualquer mecanismo fisiológico mais ou menos complexo é constituído, pelo menos, por três ligações funcionais obrigatórias. O primeiro deles são os receptores, cuja atividade de saída reflecte a intensidade de um parâmetro físico, químico ou biológico controlado. O segundo é o elo central do analisador, que produz um efeito corretivo no estado do terceiro elo - o efector. Uma caraterística notável de todos os elos é que as células especializadas que os constituem são obrigadas a reagir à influência externa de uma forma específica. Esta especificidade determina aquilo a que normalmente se chama "a função de saída da célula especializada". Mas já sabemos que esta função contradiz os interesses originais da célula e perturba o seu modo confortável.
Assim, para preservar a integridade anatómica e a integralidade funcional do organismo, não há outra forma senão perturbar periodicamente o conforto celular de todos os participantes no funcionamento das articulações. É aqui que reside o antagonismo celular. Ele destrói o que cada célula cria diligentemente para si própria. **Paradoxo: a unidade das células é destrutiva para cada uma delas!**
Mas é precisamente devido a este paradoxo fundamental que qualquer organismo multicelular pode existir. Acontece que as cadeias causais básicas

baseadas no antagonismo das células têm de ser combinadas com a sua sinergia, com o objetivo de sustentar confortavelmente a vida de cada célula ao longo da vida.
- Quer dizer que esta existência coordenada é assegurada por funções especiais do cérebro?
- De forma alguma, até porque este princípio existe em muitos organismos que não têm cérebro. Pelo contrário, quero apenas levar-vos à ideia de que cada uma das nossas células é capaz de escapar temporariamente à influência das influências que a fazem cumprir o seu papel nas funções em cadeia (conjunto). Só graças aos seus mecanismos egoístas, cada célula constituinte dessa cadeia consegue restabelecer o seu conforto citoplasmático.
- Em sentido figurado, para se tornar um soldado da pátria, é preciso não só crescer e amadurecer, mas também cuidar de si próprio de vez em quando. Estou a interpretar bem o seu pensamento?
- Muito bem.
Infelizmente, esta visão fundamental do corpo como uma comunidade específica de diferentes tipos de células ainda não está ao alcance dos médicos. É por isso que muitas vezes tratam alguns órgãos enquanto danificam outros.
- Há outra coisa que queria perguntar-lhe. O que é que quer dizer com "regulamento"?
- Vou começar com uma resposta formal. Imagine uma função com dois argumentos.
- Na foto.
- Imagina também que alterar estes argumentos na mesma quantidade faz com que a função se altere de forma diferente.
- E apresentou. Estamos a falar da sensibilidade de uma função a alterações nos argumentos.
- Ótimo! Agora imagine que um mecanismo controla as alterações nos valores do primeiro argumento e o outro controla as alterações nos valores do segundo argumento. Então podemos dizer que o valor resultante da função é regulado por estes mecanismos. Mas esta regulação não está de forma alguma ligada aos valores actuais da função, porque os mecanismos reguladores não recebem informação sobre a função. Vamos mais longe e suponhamos que algum medidor é capaz de registar os valores da função e transferir essa informação para os mecanismos que aumentam (diminuem) os valores dos argumentos. Agora estamos perante um sistema fechado em que cada valor da função corresponde a um par de valores dos argumentos. Num sistema real, esta correspondência terá lugar apenas numa gama limitada de

alterações da função, porque cada um dos argumentos é limitado nas suas alterações.
Se a informação sobre as alterações do valor de uma função for utilizada por esses mecanismos para evitar essas alterações, diz-se que esse regulador funciona por retroação negativa. Existem muitos reguladores deste tipo no organismo. No interior de cada célula, estabilizam (os especialistas utilizam o termo "homeostatizar") a composição física e química do citoplasma. À escala do organismo, os reguladores homeostáticos mantêm uma relativa constância da temperatura corporal, da pressão sanguínea, da composição físico-química do fluido intercelular e do sangue. De facto, os reguladores homeostáticos reduzem a sensibilidade dos sistemas naturais de suporte da vida a alterações súbitas e frequentemente destrutivas do ambiente.
- E que tipos de reguladores estão disponíveis?
- De acordo com a teoria da regulação automática, existem reguladores proporcionais, diferenciais e integrais. Todos os outros são obtidos a partir de combinações destes reguladores.
- Não, não me está a perceber. Eu conheço esta teoria cibernética básica. Gostava de saber que tipos de reguladores existem no corpo.
- É o que eu diria! A natureza utiliza apenas reguladores proporcionais, ou seja, a ação de controlo é proporcional ao desfasamento entre o valor desejado e o valor real da função regulada.
Para concluir a conversa sobre relações causais, direi o mais importante: nenhum dos participantes das relações causais multicelulares (em particular, as células) "quer trabalhar para os outros". No entanto, a evolução preservou essas estruturas e sistemas multiestágios, cujo resultado do funcionamento foi benéfico para o organismo.
- Para fazer uma generalização filosófica, a vida é um subproduto de combinações úteis de fenómenos e mecanismos aleatórios.
- Embora pareça paradoxal, a vida é assim!

CAPÍTULO 8

Conversa oito

Problemas de suporte de vida celular

- Espero que já tenhas uma ideia dos princípios básicos do funcionamento de uma comunidade de células?

- O que percebi é que são egoístas, competem por comida, podem causar problemas a outras células e, com algumas delas, formam sistemas funcionais que servem os nossos interesses.

- Este é já um progresso significativo. Mas ainda precisamos de compreender por que razão a evolução conjunta de células de diferentes especializações não contradiz os objectivos dos mecanismos básicos do metabolismo celular. Afinal, sem manter um nível ótimo de metabolismo, as células tornam-se atrofiadas, o que faz com que o organismo não seja saudável.

- Se não se pode passar sem comida e água, então digam-me como é que o corpo consegue resolver os problemas mais urgentes de suporte da vida celular?

- Mais uma vez, começarei de longe e apresentarei os mecanismos de uma forma simplificada.

Suponhamos que o nosso longínquo antepassado unicelular já sabia resolver muito bem as suas tarefas básicas - assimilar nutrientes, remover poluentes do citoplasma para o espaço pericelular mais próximo (líquido) e reproduzir-se.

Suponhamos agora que essa célula está rodeada de todos os lados por células irmãs, com fluido intercelular entre elas. Enquanto o número de células da comunidade se situar entre as dezenas e as centenas, as taxas de difusão do oxigénio, do dióxido de carbono e dos nutrientes permitem que as células mantenham o seu metabolismo lento. Mas mesmo nesta comunidade autónoma de células, algumas células recebem mais dos ingredientes químicos necessários do que outras. Esta heterogeneidade básica (as células diriam "injustiça social") não será eliminada, mesmo que a evolução forneça outros mecanismos de fornecimento de nutrientes e de eliminação de resíduos.

- Tenho a impressão de que não vai falar das células vivas do nosso corpo, mas de outra coisa qualquer. Tenho a sensação de que vai ser um problema de canalização!

- O seu instinto não o engana. O problema da canalização não é apenas um problema civilizacional. Uma comunidade de células teve de resolver este problema com sucesso para sobreviver. Existem várias soluções conhecidas. Mas vamos considerar a que é utilizada no nosso corpo.

Neste caso, é necessário separar o problema do fornecimento de nutrientes do problema da criação de um ambiente químico adequado no citoplasma.
A rede de vasos arteriais e capilares serve de sistema de transporte para o fornecimento de tudo o que cada célula necessita. O sangue arterial transporta compostos químicos absorvidos na corrente sanguínea a partir do intestino e oxigénio para as células. Existe algum oxigénio no plasma sanguíneo, mas os seus principais transportadores são os glóbulos vermelhos - os eritrócitos.
O glóbulo vermelho tem uma proteína chamada hemoglobina. Consoante as condições, a sua capacidade de se combinar com o oxigénio (afinidade) torna-se maior ou menor. O oxigénio, como constituinte do ar, entra nos alvéolos pulmonares (sacos de ar peculiares com uma membrana fina permeável aos gases). Os alvéolos são envolvidos por uma rede de capilares pulmonares, nos quais a concentração de dióxido de carbono é maior do que nos alvéolos. Por conseguinte, o dióxido de carbono retido pela hemoglobina é libertado e difunde-se ao longo de gradientes de concentração para os alvéolos, onde a sua concentração é baixa. Por outro lado, a concentração de oxigénio nos alvéolos é mais elevada do que nos capilares pulmonares. Pelas leis da difusão, o oxigénio entra nos capilares pulmonares, onde é absorvido pela hemoglobina.
Existem dois sistemas de esgotos para limpar o citoplasma dos resíduos metabólicos.
O primeiro é o sistema de vasos linfáticos. A sua extremidade de entrada começa nos tecidos do corpo, onde os produtos residuais de um grande número de células são descarregados no líquido intercelular. A rede linfática termina na aurícula direita. Através dos vasos linfáticos, o líquido flui numa única direção - dos tecidos para o coração. Neste trajeto encontram-se os gânglios linfáticos. Estes contêm linfócitos que neutralizam os produtos do metabolismo celular nocivos para o organismo, bem como os agentes estranhos.
O segundo sistema que contribui para a purificação do citoplasma celular é a parte venosa da rede vascular. Recordo que o sistema cardiovascular é contínuo, o sangue circula através dele de vasos de alta pressão para vasos de baixa pressão.
- Espera! Tanto quanto sei, um capilar não é uma estrutura impermeável, mas um vaso poroso através do qual o fluido pode escapar para o espaço extravascular. Não é verdade?
- É verdade! Uma parte do plasma sanguíneo sai de facto dos capilares.
- Como é que o nosso corpo não incha e a nossa tensão arterial não desce constantemente?

- Com a sua pergunta inteligente, está a forçar-me a elaborar alguns dos detalhes anatómicos da estrutura dos microvasos.
Cada pequena artéria (mais precisamente, chama-se arteríola) ramifica-se muitas vezes e passa gradualmente para um vaso pré-capilar, capilar, pós-capilar e vénula. Depois, as fusões de muitas vénulas pequenas formam as veias. Através da fusão de veias de menor diâmetro numa veia maior, estas são alargadas até se tornarem veias ocas, cuja fusão ocorre à entrada da aurícula direita. Assim, nos pré-capilares e capilares, a pressão sanguínea excede a pressão extravascular do fluido, pelo que o plasma sanguíneo sai parcialmente do vaso para o espaço intercelular. Mas, ao longo do curso do sangue, a pressão sanguínea diminui gradualmente, pelo que já nos pós-capilares a pressão intravascular é inferior à pressão do fluido no espaço intercelular. Devido a este facto, uma parte do líquido flui de volta para a rede vascular. Normalmente, este volume deve corresponder aproximadamente à ejeção percutânea de sangue. Assim, haverá um volume estático de sangue no sistema cardiovascular.
- Ok, eu percebo a mecânica da coisa. Mas às vezes inchamos. O que é que causa isso?
- A questão é que há outros participantes no processo de manutenção da limpeza no interior das células. Ainda não disse nada sobre eles. Bem, mas devias!
- E quem são estes misteriosos participantes?
- Órgãos excretores: rins, glândulas sudoríparas e pulmões. Todos eles podem reduzir o volume de sangue no sistema cardiovascular, mas em graus diferentes.
Os rins são o principal órgão excretor. Em repouso, produzem cerca de 1 ml de urina por minuto. Durante a respiração, uma parte da fração líquida do sangue é libertada para o ar através dos capilares pulmonares sob a forma de vapor de água. Para além disso, suamos. E a maior parte do suor é água na qual se dissolvem os sais do sangue. No total, estas perdas de líquidos ascendem a cerca de 1,5 - 2,5 litros por dia. Esta é a principal razão pela qual bebemos água.
- E quanto sangue é que uma pessoa tem?
- O volume de sangue é estimado em cerca de 7% do seu peso corporal. Se pesar 80 kg, o seu volume de sangue será de aproximadamente 5,6 litros.
Está a levar-me para o lado errado! Nem sequer respondi à sua pergunta sobre as causas do edema. A resposta não é tão simples como os médicos por vezes fazem crer. Há uma história profunda que remonta a centenas de milhões de anos.

- Oh, por favor! Eu faço-lhe uma pergunta simples e ele fala de centenas de milhões de anos. Tanto quanto sei, não havia humanos nessa antiguidade. Qual será a ligação?
- Não me surpreende a vossa surpresa. Mas o facto é que a composição química interna das nossas células é muito semelhante à composição química da água do mar pré-histórica. Os antepassados distantes dos animais terrestres evoluíram nos oceanos durante muito tempo. Durante esse tempo, desenvolveram mecanismos especiais que controlam a composição iónica do citoplasma e do fluido intercelular. Daí a famosa homeostasia (ou seja, a manutenção da constância do ambiente interno humano face às alterações dos parâmetros ambientais).
Não vou entrar em todas as nuances para garantir esta homeostase, mas vou mencionar alguns pontos-chave.
Até agora, temos utilizado a palavra pressão exclusivamente em relação à pressão arterial. Esta é formada pela incompressibilidade prática do fluido e pelas propriedades elásticas dos vasos sanguíneos ou das câmaras cardíacas. Isto foi suficiente para compreender a hemodinâmica. Quando se trata dos processos de transferência de massa nos tecidos e através da parede celular, as pressões *osmótica e oncótica* tornam-se componentes importantes das forças hidrodinâmicas. A pressão osmótica é causada pelo fenómeno da osmose, ou seja, a capacidade das soluções salinas para absorverem o solvente (no nosso caso, a água). A pressão oncótica é causada pela propriedade de certas proteínas de absorverem água.
Assim, o edema dos tecidos é um aumento da quantidade de líquido nas células e no espaço intercelular. O edema pode dever-se quer a uma diminuição da velocidade do fluxo sanguíneo (devido a fraqueza cardíaca) e a um aumento do volume intravascular e da pressão nos pequenos vasos, quer a um aumento das pressões osmótica e/ou oncótica.
Já referi que os rins são o principal regulador do volume de sangue no nosso corpo. Normalmente, cerca de 25% do débito cardíaco passa pela artéria renal. Os rins são compostos por duas partes funcionais. Na primeira, o sangue é filtrado e forma-se a urina primária. O seu volume é proporcional à pressão sanguínea na artéria renal. Na segunda parte funcional - os túbulos renais - dá-se o processo inverso: a partir da urina primária, cerca de 99% do líquido é absorvido pelo sistema vascular. O restante é a urina propriamente dita. A sua quantidade é inversamente proporcional à pressão osmótica da urina primária
(ou seja, o sangue). Graças a esta organização da função renal, a pressão osmótica e a composição iónica do sangue mantêm-se praticamente

constantes, mesmo que a quantidade de líquidos que ingerimos e o seu teor de sal possam variar.
Quanto à pressão oncótica, esta é determinada principalmente pela composição das substâncias que são absorvidas pelo sangue a partir do sistema digestivo.
- Se bem entendi este artigo, há três formas de combater o edema: suar bem, reduzir o consumo de sal e de gorduras. É isso mesmo?
- Para além disso, beberia muita água. Pode acelerar o processo utilizando diuréticos. Mas quero avisá-lo que não deve exagerar! Isto levará a uma diminuição do volume sanguíneo, o que provocará uma descida da pressão arterial e piorará o fornecimento de sangue ao corpo.
Assim, descrevi a anatomia do sistema de esgotos. Nele, a força motriz é a diferença de pressão criada pela bomba cardíaca.
O coração humano é constituído por quatro câmaras (duas aurículas e dois ventrículos) equipadas com válvulas. A aurícula direita e o ventrículo direito bombeiam o sangue venoso através da vasculatura pulmonar. A aurícula esquerda e o ventrículo esquerdo bombeiam sangue enriquecido com oxigénio para as artérias do grande círculo circulatório.
O coração é um órgão muscular de ação discreta. O seu trabalho consiste em duas fases - diástole e sístole. Na diástole, o músculo cardíaco (miocárdio) está relaxado; na sístole, o miocárdio contrai-se e desenvolve força mecânica. Na fase de diástole, as válvulas de entrada de ambos os ventrículos estão abertas e o sangue flui para as cavidades cardíacas sob um gradiente de pressão. Quando a fase de sístole começa, o miocárdio começa a contrair-se, fazendo com que o sangue flua dos ventrículos para as aurículas. Isto faz com que as válvulas de entrada dos ventrículos se fechem. Ao mesmo tempo, as válvulas de saída dos ventrículos também estão fechadas, porque a pressão nos ventrículos no início da sístole é inferior à pressão do outro lado das válvulas. No entanto, à medida que o miocárdio se contrai nos ventrículos direito e esquerdo do coração, a pressão arterial aumenta rapidamente. Assim que a pressão intraventricular excede ligeiramente a pressão sanguínea do outro lado da válvula, a válvula abre-se e inicia-se a fase de ejeção ventricular. Do ventrículo direito para a artéria pulmonar e do ventrículo esquerdo para a aorta. Quando um volume significativo de sangue tiver sido expelido dos ventrículos, as pressões nos ventrículos começam a diminuir. No momento em que as pressões nos ventrículos são inferiores às pressões sanguíneas nas artérias correspondentes, as válvulas de saída dos ventrículos fecham-se. A fase de diástole começa em breve.
Cada ciclo cardíaco é desencadeado por um potencial elétrico produzido por

células específicas que marcam o ritmo, localizadas perto da boca da aurícula direita. Esta zona é designada por zona sinusal. É preciso lembrar que a especificidade das células desta zona é que elas têm um ritmo automático de geração de potencial de ação. O potencial de ação é um impulso elétrico que passa através do sistema condutor do miocárdio, excita nas suas células um impulso elétrico, sob a influência do qual a célula se contrai. O efeito real da contração de todo o miocárdio é o resultado da contração assíncrona de todas as células do miocárdio.
Note-se que as células localizadas entre as aurículas e os ventrículos também têm um ritmo automático. No entanto, normalmente o seu ritmo é inferior ao ritmo das células do nó sinusal, pelo que se considera que o nó sinusal é o principal *impulsionador do ritmo das* contracções cardíacas.
Recordo que um aumento da temperatura do sangue por cada grau acelera o ritmo cardíaco em cerca de 10 batimentos por minuto. O ritmo dos batimentos cardíacos é também influenciado pela composição química do sangue e pelos efeitos das substâncias segregadas nas terminações nervosas das fibras que descem do cérebro ao longo dos nervos simpático e parassimpático (vago). O nervo simpático acelera o coração, enquanto o nervo parassimpático o abranda. Devido a esta influência nervosa recíproca, o cérebro é capaz de regular o desempenho da bomba cardíaca. Em conjunto com as alterações do tónus das artérias e das veias, a pressão arterial é regulada.
- Porquê regular a tensão arterial?
- Na minha opinião, há um significado tão profundo por detrás desta simples pergunta que até dá medo dizê-la!
- Conhecendo-te, não és do tipo tímido. Por isso, diz-me porquê.
- Esta vai ser uma conversa séria e longa. Embora já tenhamos percorrido uma certa parte do caminho hoje, vai precisar de uma cabeça fresca para compreender o significado mais profundo mencionado. Vamos continuar esta conversa amanhã. Mas peço-vos que ouçam previamente a gravação da conversa de hoje. É importante para mim saber amanhã até que ponto compreenderam a relação entre alguns dos nossos órgãos e o estado físico e químico das células. É importante porque vou construir uma ponte causal entre a fisiologia de todo o organismo e as condições de atividade vital das células.
- Está bem, vou tentar.

CAPÍTULO 9

Conversa nove

Problemas de suporte de vida celular (continuação)

- Há alguma pergunta sobre a conversa de ontem?
- Sim, eu sei. Não percebo muito bem como é que um organismo que mata dezenas de milhões de células por hora pode sentir e reagir a problemas numa única célula.
- A pergunta é legítima! E digo mais. Se pensou que, ao falar de uma gaiola, eu me referia literalmente a uma gaiola, a omissão é minha. Na verdade, nas nossas conversas, uma gaiola é mais um conceito virtual, uma imagem, do que um objeto real. Quando falamos de uma célula, devemos entender um objeto virtual que tem as propriedades básicas de uma célula. Ao mesmo tempo, este objeto, muito provavelmente, deve ser identificado com um grande número de células, localizadas por destino na parte do corpo que estamos a considerar. É conveniente para mim trabalhar com este objeto virtual da mesma forma que, por exemplo, é conveniente para os físicos mecânicos trabalharem com o conceito de ponto material. Espero que no decurso desta apresentação compreendam mais claramente os motivos que me levam a utilizar uma célula virtual.
- Esclarecimento aceite! Vamos continuar.
- Já referi que a grande maioria dos especialistas em circulação considera o sistema cardiovascular como uma espécie de objeto autónomo. Tem variáveis internas definidas (volume sanguíneo, lúmen total dos vasos, a sua elasticidade) e funções externas (pressões em diferentes regiões e fluxos sanguíneos).

Este paradigma estabelece regularidades segundo as quais as funções externas estão relacionadas com os valores actuais do volume sanguíneo, do lúmen total dos vasos e das suas propriedades elásticas. A fisiologia do sistema cardiovascular é reduzida à descrição das dependências da hemodinâmica geral e regional em relação às alterações das propriedades da bomba cardíaca e das caraterísticas vasculares. Vários mecanismos neuro-humorais são considerados como moduladores destas propriedades.

O principal tema de discussão entre os fisiologistas é o objetivo do sistema cardiovascular. Existem dois pontos de vista: 1) o objetivo é manter a estabilidade da pressão arterial média; 2) o objetivo é regular o volume sanguíneo minuto. O primeiro ponto de vista baseia-se no facto de não terem sido encontrados sensores da velocidade do fluxo sanguíneo e de todos os receptores conhecidos responderem ao estiramento criado pela pressão

arterial. O segundo ponto de vista baseia-se na lógica segundo a qual só um fluxo sanguíneo adequado pode levar às células tudo o que elas necessitam para o seu metabolismo e remover os seus resíduos.
Existem esquemas de compromisso em que a regulação da pressão arterial conduz indiretamente à regulação da pressão venosa central e ao desempenho da bomba cardíaca. Nestas teorias de compromisso, um dos principais papéis é desempenhado pelos rins como regulador da pressão arterial média através de alterações no débito urinário. Há também um grande grupo de fisiologistas que acredita que o cérebro tem acesso para regular o tónus das paredes dos vasos mais pequenos de todas as regiões do corpo, de modo a suprir todas as necessidades locais de fluxo sanguíneo. Na minha opinião, este ponto de vista é o mais fraco. O cérebro não dispõe de recursos neuronais suficientes para controlar os vasos mais pequenos. Além disso, não existem receptores necessários capazes de transportar para os neurónios do cérebro informações sobre o estado atual das células do corpo.
- Qual é o problema? Tanto quanto sei, a circulação sanguínea tem sido estudada experimentalmente há mais de um século. Não seria possível determinar, mesmo durante esse período de tempo, quais as caraterísticas do sistema cardiovascular que são alvo dos seus reguladores?
- Há problemas que não têm solução, sobretudo quando o enunciado do problema é absurdo!
- Não é um pouco duro?
- Difícil, mas direto!
Pensemos no tempo em que as ciências davam saltos e avanços.
Durante mais de 1500 anos, o quadro filosófico do mundo criado por Aristóteles e, em parte, por Ptolomeu, não foi posto em causa por ninguém. Esta filosofia tinha a sua própria lógica interna autossuficiente. Além disso, baseava-se na observação, ou seja, nos factos. Pelo menos na parte que dizia respeito à disposição do céu estrelado, do Sol, da Terra e dos planetas. Os esquemas de movimento planetário concebidos por Ptolomeu funcionavam bastante bem na navegação aplicada dos marinheiros. No entanto, surgiu um homem que questionou o facto de a Terra ser o centro do Universo. Copérnico limitou-se a inverter a Terra e o Sol. Esta inversão foi revolucionária para toda a astronomia. Mas o seu significado foi, durante muito tempo, meramente filosófico. As tecnologias de navegação que utilizavam o novo conceito de sistema solar estavam ainda mais de um século atrasadas em relação às antigas tecnologias baseadas em falsas ideias cosmológicas.
Chamo a atenção para este pormenor porque há uma opinião comum de que a

prática é o critério de verdade de uma teoria. Ou é muito comum ouvir-se na comunidade científica que todas as versões-hipóteses são igualmente boas, só o tempo mostrará quem está certo e quem está errado. A verdade não nasce quando é reconhecida pela maioria. A verdade era verdadeira mesmo quando um a via e outros não acreditavam nela.
Permitam-me que dê um exemplo da história da medicina. Afinal, durante muito tempo, houve a opinião de que o sangue era criado de novo no coração todos os dias. O facto é que, quando os cadáveres eram autopsiados, não havia sangue nas artérias. Apenas se encontrava nas veias e no coração. No entanto, quando o médico inglês Garvey mediu o volume das cavidades cardíacas e multiplicou o número resultante pela frequência das contracções cardíacas por dia, o número obtido era muitas vezes superior à massa do corpo humano. Tornou-se claro para ele que o sangue deve circular e regressar ao coração. Apercebeu-se desta verdade, apesar de, nessa altura, ainda não terem sido descobertos os capilares. Não só foi cruelmente ridicularizado. Foi rejeitado pelos seus colegas. Só muitos anos mais tarde é que os microscópios deram razão a Garvey.
A doutrina newtoniana da gravitação e do tempo e espaço absolutos não era bastante lógica? Afinal de contas, baseava-se em medições das trajectórias dos corpos celestes. No entanto, Einstein, com as suas experiências mentais, desmentiu a teoria de Newton, embora tenha pedido desculpa por isso.
Será que Rutherford viu o átomo quando propôs o seu modelo planetário? Será que Niels Bohr já sabia da existência de órbitas electrónicas estáveis quando modificou este modelo do átomo? De facto, muito depois de Bohr, a razão da estabilidade do átomo não era clara. Só no nosso tempo se tornou claro que a estabilidade do átomo está relacionada com a troca de fotões entre o núcleo e o eletrão. Só muito recentemente é que os astrofísicos se aperceberam de que a gravidade, por si só, não é suficiente para que as estrelas se juntem numa galáxia. A contribuição dos campos electromagnéticos e da matéria negra para este processo só recentemente se tornou mais clara, o que se deve a cálculos em modelos informáticos.
- O senhor deputado salta tão rapidamente entre Aristóteles, a circulação sanguínea e as galáxias que até eu, uma pessoa com formação em física e engenharia, que acompanha as novidades da ciência, tenho dificuldade em cobrir tudo o que foi dito. De facto, porquê esta excursão?
- Só então poderei transmitir-vos a minha convicção de que qualquer mudança significativa na nossa compreensão da natureza começa com o iniciador da nova visão a rever as explicações propostas e a ir muito além do paradigma dominante. Ao mesmo tempo, o novo paradigma só pode afirmar-

se como verdadeiro quando todos os factos antigos encontram a sua explicação no novo sistema de pontos de vista. Cheguei assim ao ponto em que gostaria de começar a minha resposta à sua pergunta sobre a razão pela qual precisa de tensão arterial.

- Que ziguezague! Não podia ter sido mais simples?

- Se calhar, podia tê-lo feito. Mas, sabe, é um tema quente. Já ouvi muitas vezes de diferentes representantes da ciência que uma hipótese deve ser provada através de experiências. E como prová-la, se o fisiologista-experimentador sabe trabalhar apenas com fragmentos do corpo (por exemplo, com um órgão separado ou com vários deles) e mesmo numa gama estreita de alterações das suas caraterísticas. Mas estou a falar de um organismo em que um grande número de células de diferentes especializações se influenciam mutuamente e formam uma rede muito complexa. Neste caso, não há outra saída senão tentar fazer experiências mentais.

- E as do computador?

- Sabe que é isso que faço há mais de quarenta anos. Mas todos os nossos modelos, mesmo os mais complexos, não estão muito longe das experiências fisiológicas. Além disso, a modelação quantitativa requer dados iniciais fiáveis. Onde os podemos obter? E se todos os dados necessários estivessem disponíveis, então porque é que haveria um modelo?

- Qual é então o objetivo da construção de modelos?

- Há um pequeno grupo de problemas aplicados em que o resultado é conhecido, alguns dos sinais vitais são medidos, mas não há lugar para obter dois ou três indicadores. É por isso que os modelos aplicados são construídos para calcular esses indicadores em falta. Além disso, por vezes, os cálculos em modelos são muito mais baratos do que as medições reais.

- Bem! Então, como é que chegou à sua compreensão do papel da pressão arterial no corpo, através da experimentação mental?

- Em parte, sim, mas só em parte. Tive de consultar um grande número de publicações científicas não só sobre a circulação sanguínea, mas também sobre diferentes secções da biologia, para compreender a energia, a bioquímica e a fisiologia celular. Para além de tudo isto, encontrei uma forma de modelar os fenómenos do organismo utilizando um modelo extremamente simplificado - binário.

- Mas que raio é isto?

- Assim farei. Tudo a seu tempo.

Por agora, gostaria de vos levar de volta às necessidades básicas de cada uma das nossas células.

Para recordar, independentemente da sua especialização, cada uma das nossas células tem de resolver constantemente problemas complexos. Em primeiro lugar, para obter uma variedade suficiente de matérias-primas necessárias para assegurar o seu metabolismo, reparar estruturas danificadas e responder aos efeitos de outras células ou de outras entidades físico-químicas. Em segundo lugar, dependendo da fase atual do ciclo celular e da frequência e potência das influências externas, a necessidade de um influxo de substâncias varia. Por último, a complexidade dos problemas a resolver deve-se ao facto de nem o conjunto certo de substâncias químicas nem a quantidade certa de substâncias químicas poderem estar disponíveis no organismo. A questão é: o que fazer?

A resposta é ajustar-se! Mas isso exige a coordenação da atividade de muitos órgãos do corpo. Que mecanismos são capazes dessa coordenação, se já referi que o cérebro, por si só, não é capaz de fazer a regulação fina da circulação sanguínea local?

Resposta: através da reação química das células aos órgãos!

- Espere! Acho que está a contradizer-se. Disseste que não há canais para todas as células.

- Afirmado e afirmado! Não se esqueça de que existe um sistema de "esgotos" bem sucedido, constituído por vasos sanguíneos e vasos linfáticos. Afinal, tudo o que entra neste sistema chega, mais cedo ou mais tarde, a todas as células. É claro que a velocidade de movimento dos agentes químicos, que cumprem o papel de informação, é muito inferior à velocidade dos impulsos nos canais nervosos, mas há uma vantagem: o gasto de energia no sistema de "esgotos" é mais modesto do que o do sistema nervoso central. Também não se deve ignorar o facto de os agentes químicos segregados pelas células que circulam no sangue serem capazes de modular a atividade dos neurónios, onde quer que se localizem na cadeia de regulação nervosa-reflexa dos sistemas autónomos. Não é por acaso que esta dupla regulação neuro-humoral foi adoptada há muito tempo pela evolução.

- Mas a regulação humoral é como disparar contra quadrados! E a precisão?

- Os problemas celulares parecem ser resolvidos de forma satisfatória também dentro dos limites da pequena precisão que pode ser alcançada pela difusão de agentes químicos no meio intercelular líquido.

Devo acrescentar que a precisão está correlacionada com a densidade da rede de vasos microscópicos numa determinada área do corpo. Verificou-se que esta densidade é diferente em diferentes partes do corpo. Existem factores celulares especiais (designados pelo termo geral de *factores de angiogénese)* que aceleram a formação de novos ramos de microvasos.

- Isso é interessante! O meu médico disse-me o contrário. Ele disse que, na minha idade, a rede de pequenas arteríolas já está a diminuir. Isso é verdade?
- Basicamente, sim. Existe um sintoma associado à hipertensão arterial. Este indica apenas um dos muitos cenários de desenvolvimento da hipertensão. No entanto, a angiogénese, ou seja, a formação de novos pequenos vasos, é observada ao longo da vida de uma pessoa. Outra coisa é a taxa de angiogénese. Esta depende de muitos outros factores. Não vamos entrar neste problema, deixemos que os especialistas o resolvam. Gostaria de voltar à questão do modelo binário do organismo.
- Foi com este modelo que compreendeu o mecanismo através do qual as células influenciam a fisiologia do organismo?
- Não só isso. Trouxe o meu conhecimento aos fisiologistas experimentais. O repensar dos princípios do funcionamento do organismo foi o resultado da análise sistémica de um problema a que ninguém prestou a devida atenção. Refiro-me ao problema do equilíbrio da produção e consumo de energia em cada célula.
- Moléculas de ATP?
- Sim, para encurtar a história. De facto, apenas falaremos da taxa média de síntese aeróbica de AMP, ADP e ATP nas mitocôndrias da célula.
- Mas lembro-me que já abordámos este tema anteriormente e que disse que o problema do balanço energético foi resolvido mesmo em organismos unicelulares como a levedura. Porque é que o problema voltou a surgir nas nossas células? Afinal, também disse que as nossas células herdaram mecanismos autónomos para garantir o equilíbrio energético quando a taxa de consumo de ATP se altera. Não disse?
- Agora que se lembram de tudo isso, é mais fácil para mim explicar a natureza do novo problema.
Os mecanismos autónomos são capazes de superar a deficiência de ATP apenas no seu valor moderado. Quando a procura de energia aumenta de forma acentuada e significativa, estes mecanismos tornam-se ineficazes. Desenvolve-se um estado de défice energético na célula. Sem energia, é impossível levar até ao fim as transformações bioquímicas, nem manter a homeostase iónica óptima do citoplasma. Esta célula entra num estado de opressão. Se a célula fazia parte dos sistemas funcionais do organismo, a qualidade do seu funcionamento deteriora-se. Em casos extremos, quando a falta de energia abrange um grande número de células, o organismo torna-se letárgico, doente. É evidente que um organismo assim tem poucas hipóteses de sobreviver num ambiente competitivo. Mas há uma saída!
Quando as transformações bioquímicas são interrompidas numa fase

intermédia, entre as muitas substâncias químicas intermédias encontram-se as que actuam como sinais de feedback negativo e activam mecanismos que acabam por acelerar a síntese de ATP aeróbio.
Atualmente, os bioquímicos descobriram mais de dez substâncias químicas deste tipo. Algumas delas aceleram o processo de fissão mitocondrial, outras promovem o aumento do seu tamanho. Ambas as alterações mencionadas trabalham para o objetivo comum de aumentar a capacidade aeróbica de produção de ATP. No entanto, há um pormenor importante: para aumentar a área total das mitocôndrias da célula, é necessário acelerar o influxo para a célula de todos os ingredientes a partir dos quais as mitocôndrias são sintetizadas.

- E como é que o corpo resolveu este problema?

- De forma bastante elegante: utilizou uma outra parte dos produtos intermédios das transformações bioquímicas interrompidas, nomeadamente as pequenas moléculas que atravessavam a membrana da célula deprimida e saíam para o fluido intercelular.

- Já estou a adivinhar o que pode acontecer a seguir. Entram na corrente sanguínea e, com o fluxo sanguíneo, chegam aos órgãos que produzem os blocos de construção para a síntese mitocondrial. Não é verdade?

- Está a tornar-se cada vez mais um fisiologista! Há dez dias, nem sonhava com isso.

- Assim, o meu cérebro não está tão velho e rígido. Ainda sou capaz de aprender coisas novas! Vou transmitir a sua avaliação ao meu patrão. Ele devia dar-me um aumento!

- Deixem de sonhar! Deixem-me dizer-vos, em termos gerais, como é que o organismo promove um aumento da taxa de síntese de ATP nas células onde é necessário. Deixem-me dizer desde já que a evolução acumulou várias formas independentes de resolver esta tarefa no nosso corpo.

- Não será porque o papel da energia para o corpo era tão importante?

- Penso que sim. Mas há outras condições prévias, talvez acidentais, para a diversificação das vias e formas de fornecimento de energia às células.

- Conclusão. "Diversificação energética" é quase a frase mais ouvida na UE nos últimos anos. Aprendi uma coisa com os meios de comunicação social politicamente motivados: ter muitas formas de atingir um objetivo é uma garantia de sobrevivência fiável.

- A analogia é correta! Muitos caminhos são melhores do que um.

- Espera! Ocorreu-me outro pensamento. Será necessário aumentar a área total de mitocôndrias na célula? Não há outras formas de aumentar a capacidade aeróbica de síntese de ATP com a área mitocondrial existente?

- Não esperava uma pergunta tão subtil da sua parte! Hoje estás em grande! Eu respondo. Eu respondo. Há mais do que uma.
Em primeiro lugar, existem substâncias químicas especiais nas próprias mitocôndrias, cuja concentração afecta a taxa de síntese de ATP.
Em segundo lugar, sabe-se que o regulador básico da taxa de síntese de ATP é a concentração de AMP. Existe uma cadeia de regulação da concentração de AMP através do aumento da concentração de glucose no sangue.
Em terceiro lugar, a produtividade mitocondrial pode ser aumentada através do aumento do fluxo sanguíneo para as células afectadas. Para este efeito, existem vasodilatadores locais que são libertados pelas células deprimidas.
Em quarto lugar, é possível aumentar a concentração de oxigénio no sangue que entra. Isto pode ser conseguido aumentando a frequência e/ou a profundidade da respiração (ou seja, a ventilação pulmonar) e acelerando a produção de glóbulos vermelhos (eritropoiese). Por fim, a pressão arterial pode ser aumentada. Para tal, existem vias cardíacas, vasculares e uma terceira via, o aumento do volume total.
A propósito, um dos factores celulares mais conhecidos que regulam a síntese de ATP aeróbico é o chamado *fator induzido pela hipóxia.* Este fator promove a produção de eritropoietina, uma proteína que regula a eritropoiese.
- Se bem me lembro da nossa conversa de há uns anos atrás, foi o senhor que descobriu o mecanismo energético da hipertensão arterial.
- Isso é que é dizer bem alto! Estou a ser lógico. Uma descoberta é quando uma ideia é comprovada experimentalmente. Infelizmente, até à data, ainda não foi realizada nenhuma experiência com esse objetivo. Por outro lado, a existência de dados indirectos que apoiam a minha hipótese torna essa experiência desnecessária.
- O senhor enumerou muitas formas de resolver o problema de tirar uma célula de um estado de depressão. Não podem ser todas activadas ao mesmo tempo?
- Porque não? No organismo real, é frequente sobreporem-se. Além disso, cada pessoa pode ter o seu próprio cenário preferido para lidar com a carência de energia.
- Estou a perceber. Queres dizer adaptação ontogenética.
- Exatamente!
- Pensei que tinha percebido tudo. Mas ainda não disse nada sobre o modelo binário. Fico à espera?
- Já estamos ao lado dela!
Cada célula tem o seu próprio estado energético dinâmico. O modelo binário pressupõe que as células que têm energia suficiente para realizar todos os

tipos de trabalho biológico estão satisfeitas com o seu estado e não procuram alterar o estado de outras células e órgãos. E as células que sofrem de deficiência energética influenciam os produtos do seu metabolismo nos órgãos de suporte da vida, aumentando a sua quota de entrada de matéria-prima energética. Por outras palavras, dividimos as células em dois tipos: satisfeitas e insatisfeitas.

- Elegante! Mas será que esta categorização das células não parece desnecessariamente grosseira? Será que tudo é tido em conta nesta abordagem à sua coexistência?

- Certamente que não são todos! Pelo menos as contribuições específicas dos mecanismos que actuam na homeostase química do citoplasma celular. Já abordámos este problema de passagem. Vou agora aprofundar um pouco mais.

No meu raciocínio, foi tacitamente assumido que, a priori, existe um certo nível básico de atividade do organismo. Os fisiologistas há muito que concordaram em considerar o estado de uma pessoa em repouso como o estado básico. Todas as alterações causadas pela deficiência de ATP nas células aumentam a atividade fisiológica do organismo. Acredita-se também que num estado de qualquer estática todos os processos nas células são equilibrados independentemente da taxa metabólica. Teoricamente, um tal organismo pode existir durante qualquer período de tempo.

- No entanto, ao discutirmos o problema da canalização, já tocámos num outro aspeto da vida celular: o citoplasma deve estar em perfeitas condições. Como é que o modelo binário de uma comunidade celular explica os problemas causados pela poluição do citoplasma?

- Lá está ele outra vez! Deixe-me só dizer que não é o único a fazer esta pergunta. Tive algum tempo para pensar na resposta. E encontrei-a: foi publicada pela primeira vez em 2017 no meu livro em inglês, que na tradução russa se chamará "Optimal Circulation".

Portanto, sobre o citoplasma de qualidade insuficiente.

Já dissemos que uma célula é uma máquina química óptima quando a composição físico-química do citoplasma é óptima. A otimização necessária tem duas componentes - biofísica e bioquímica. O biofísico diz respeito à composição iónica. Uma vez que os principais iões são o potássio, o sódio, o cálcio, o cloro e o magnésio, as suas concentrações devem ser tais que o potencial de repouso da célula seja normal. Isto é particularmente importante para as células excitáveis.

- Eu lembro-me. Estas células constituem os nossos sistemas funcionais.

- É isso mesmo! Vamos continuar.

O componente bioquímico da otimização do citoplasma é determinado pela presença de uma variedade suficiente e concentrações adequadas de ingredientes primários, bem como uma concentração mínima de resíduos metabólicos. Note-se que o número de ingredientes primários inclui os ingredientes primários, com a ajuda dos quais são sintetizadas as moléculas de ATP. Ou seja, pensamos que o problema da energia é um problema particular de otimização da composição química do citoplasma. Os principais produtos do metabolismo celular são o dióxido de carbono, os iões de hidrogénio e o OH-.
Já referimos que, quando o sangue arterial passa pelos rins, é rectificado (ou seja, são eliminados os iões de potássio, sódio, cálcio, cloro e magnésio em excesso). Por outras palavras, os rins são o principal órgão que mantém a homeostasia iónica do citoplasma celular. As glândulas sudoríparas desempenham uma função semelhante.
Agora vamos falar sobre como o excesso de dióxido de carbono é removido do sangue. Já sabe que isso acontece quando o sangue venoso passa pelos pulmões. Eu apenas acrescentaria que a intensidade da remoção do dióxido de carbono aumenta com o aumento da ventilação pulmonar e do fluxo sanguíneo. Portanto, deve haver algum órgão, necessariamente, regulando essas duas variáveis fisiológicas.
Em primeiro lugar, deixem-me dizer-vos como é que o corpo sabe que surgiu a necessidade. Na área do arco aórtico e perto do ponto de ramificação da artéria carótida comum nas artérias carótidas interna e externa, existem quimiorreceptores especiais. Estes são sensíveis ao pH ácido do sangue e à concentração de CO2. Um aumento destas caraterísticas sanguíneas ativa os neurónios cerebrais que aumentam a ventilação pulmonar e a pressão sanguínea.
- Então o mesmo reflexo controla a atividade dos pulmões e do sistema cardiovascular?
- Sim.
- Eu entendi que o aumento da ventilação pulmonar acelera a eliminação de CO2 do sangue. Por que razão aumentaria a pressão arterial?
- O aumento da pressão arterial deve-se principalmente ao aumento da função de bombagem do coração. Isto leva a um maior fluxo sanguíneo através dos pulmões e acelera a substituição de CO2 por 02.
- Mas acontece que, em vez de um modelo binário, seria melhor criar um modelo que tivesse em conta os quatro estados do estado celular.
- Que bom para si! Estou a trabalhar nisso. Como verificou, a fisiologia do equilíbrio energético das nossas células e a otimização do seu citoplasma são

claras em termos gerais.

Já chega, estou cansado, apesar de pareceres um pepino! Continuamos amanhã.

CAPÍTULO 10

Conversa dez

O grande compromisso das células

- Alguma pergunta sobre a conversa de ontem à noite?
- Não, não tenho.
- Continuando. Hoje vou tentar convencer-vos de que o estado a que a medicina chama saúde é, na verdade, um compromisso entre todas as nossas células.
- Estão a fazer um acordo?
- Naturalmente, não sabem como o fazer. E o compromisso é sempre necessário quando os interesses dos participantes no processo não coincidem em tudo. É por aí que vamos começar.

Todas as células do corpo estão preocupadas com os seus próprios problemas. Grosso modo, precisa de comer, de se livrar dos resíduos, de se reproduzir de tempos a tempos e de se defender contra influências destrutivas, venham elas de onde vierem.

Regra geral, existem menos recursos de consumo total num organismo do que aqueles que podem ser assimilados por todas as células do corpo. Por conseguinte, as aspirações egoístas de cada célula para maximizar o seu consumo são limitadas pelas aspirações semelhantes das outras. As células insatisfeitas alteram o estado fisiológico do organismo de tal forma que, numa rede de triliões de células, sem "diretores" nem "governantes", se obtém uma distribuição de compromisso dos recursos comuns. Este é o estado ótimo sob as restrições de recursos existentes.

- Faz lembrar o equilíbrio de Nash nos problemas de jogos e na economia.
- A analogia é muito bonita!

Mas há uma série de nuances no corpo.

Comecemos por falar da forma como os mecanismos evolutivos criaram condições prévias para o desvio do referido ótimo.

Já mencionámos que a principal forma de redistribuir os recursos a favor de um órgão é aumentar o seu fluxo sanguíneo. Com a variedade adequada de nutrientes no sangue, quanto mais este fluir para um órgão, mais nutrientes receberá.

- Se ao menos as células do órgão fossem capazes de assimilar estes recursos!
- Tem razão. A minha afirmação não funciona se a taxa de assimilação dos ingredientes químicos for inferior à taxa de ingestão: as substâncias em excesso sairão com o sangue venoso.
- Que tal abastecer-se?

- Sim, existem alguns desses mecanismos. Mas só são capazes de armazenar determinados recursos. Por exemplo, os recursos energéticos, cujo fornecimento do exterior não é constante, e sem energia não há lugar nenhum, são armazenados sob duas formas principais. Uma parte do excesso de glicose é convertida em glicogénio e armazenada no fígado e nos músculos, enquanto a outra parte desse excesso é convertida em gordura e armazenada nas células adiposas.
Mas o oxigénio, que é o segundo principal ingrediente consumível das reacções de fosforilação oxidativa nas mitocôndrias, não é armazenado.
- E porquê armazená-lo quando está sempre disponível - basta respirá-lo!
- De um modo geral, é claro que tem razão. Os benefícios evolutivos do armazenamento de oxigénio não parecem ser evidentes. Mas isto é verdade se um organismo (aquático ou terrestre) não mudar de habitat. E há alguns que mudam mais ou menos regularmente de um ambiente para outro. Por exemplo, os animais aquáticos secundários (cetáceos) ou as espécies que se alimentam na água e descansam em terra (crocodilos, serpentes marinhas, iguanas, focas, elefantes, calangos e leopardos). Todas elas continuam a respirar com os pulmões, embora na fase de desenvolvimento embrionário também desenvolvam brânquias, que depois são eliminadas.
- Tanto quanto sei, estes animais possuem mecanismos específicos que lhes permitem prolongar significativamente o seu tempo debaixo de água.
- Sim, são descritas várias adaptações.
Mas eu desviei-vos do ponto principal. Voltemos ao homem.
As necessidades de nutrientes e de energia dos diferentes órgãos podem mudar significativamente de tempos a tempos. Estas alterações são geralmente causadas por um fator externo à célula, como o cérebro que a obriga a participar num ato comportamental (correr ou andar, lutar). Para que um órgão cujas necessidades de consumo aumentaram possa satisfazê-las, as suas artérias devem dilatar-se. Se as exigências forem tão grandes que, ao nível atual da pressão arterial, a simples dilatação das artérias locais não permite satisfazer plenamente as necessidades do órgão, é necessário aumentar a pressão arterial. Isto é possível através do estreitamento das artérias dos órgãos que não necessitam de muito sangue neste momento. Outra alternativa é aumentar a atividade de bombagem do coração.
- Lembro-me que considerámos estas possibilidades quando falámos dos mecanismos de restabelecimento do equilíbrio energético nas células.
- É bom ouvir isso! Portanto, já existe um entendimento comum.
Mas quero chamar a vossa atenção para o facto de que o "comunismo celular" na evolução do nosso organismo, e não apenas do nosso organismo,

não se concretizou.
- O quê, está a insinuar que o corpo tem os seus próprios oligarcas ou algo do género?
- Talvez a palavra "oligarca" não seja a melhor definição no nosso caso, mas é um facto que não existe igualdade de órgãos. Pelo menos dois órgãos, o cérebro e o coração, escaparam ao princípio geral de que devem partilhar com o órgão necessitado. As artérias do cérebro e do coração não se submetem à vasoconstrição. Mesmo em condições de grave carência de energia e de oxigénio, os vasos destes órgãos não são contraídos pelo sistema nervoso central. O fornecimento de sangue ao coração e ao cérebro é assegurado por um aumento substancial da pressão arterial. Mas este modo de emergência da circulação sanguínea não pode durar muito tempo. Nos órgãos cujos interesses são "beliscados", acumulam-se agentes intermédios do metabolismo interrompido, os vasos dilatam-se e a pressão arterial baixa.
- Provoca desmaios?
- Teoricamente, sim. Mas o desmaio, ou choque circulatório, como é chamado pelos especialistas, é mais frequentemente causado por um choque de dor. Em caso de dor intensa, o cérebro dilata drasticamente os vasos sanguíneos periféricos e a pressão arterial desce instantaneamente para níveis em que praticamente não há fluxo sanguíneo para o cérebro. A síncope faz com que a pessoa caia. Como consequência, a coluna hidrostática de sangue entre o coração e a cabeça desaparece, as condições de fornecimento de sangue cerebral melhoram e a pessoa recupera rapidamente a consciência.
- Trata-se de uma espécie de regime circulatório extremo. E como é que, na vida quotidiana, quando as necessidades nutricionais de triliões de células flutuam rápida e significativamente, o corpo consegue satisfazer essas necessidades? A nossa mente está constantemente preocupada com esta fisiologia?
- Esta é uma questão muito significativa, se não a mais importante, da fisiologia humana integrativa. Em conversas anteriores, abordámos os aspectos privados deste problema global. Tentarei responder brevemente a esta questão.
Imaginemos uma situação ideal de privação sensorial, ou seja, o cérebro não recebe impulsos nem dos receptores internos nem dos órgãos sensoriais externos. Nesta situação hipotética, a integridade funcional do organismo e de todas as suas células só é preservada se uma certa frequência mínima de impulsos para todos os órgãos for transmitida através dos canais nervosos que descem do cérebro. Estes impulsos têm um papel especial - tónico. Eles fornecem o tónus basal de todos os vasos. Mais precisamente, o tónus basal é

formado pela ação conjunta de influências nervosas e humorais nos vasos. Afinal de contas, cada uma das nossas células especializadas continua a viver, ou seja, a consumir recursos e a libertar substâncias químicas - produtos metabólicos - no ambiente intercelular geral.
Recordo que as células podem estar em diferentes fases do ciclo celular e que cada fase tem a sua própria taxa metabólica. Gostaria também de salientar que a célula luta autonomamente contra todas as forças destrutivas que actuam espontaneamente. Em primeiro lugar, estas forças perturbam a homeostase iónica do citoplasma. O seu restabelecimento requer energia. A necessidade total de energia de todas as células do corpo no modo da sua atividade integral mínima é o equivalente energético do conceito fisiológico de *modo basal.* Notarei que os próprios fisiologistas não definem este modo tão estritamente como eu o fiz agora. Não requerem uma privação sensorial geral. Na prática, a atividade do organismo em repouso quando o corpo está na horizontal é considerada como o nível basal da fisiologia. Para ser ainda mais preciso, este estado é descrito apenas por um conjunto limitado de caraterísticas fisiológicas medidas (temperatura corporal, tensão arterial, frequência cardíaca, respiração).
Imaginemos agora que são recebidos no cérebro, através de canais sensoriais externos, sinais de que as caraterísticas físicas e químicas do ambiente se alteraram. Estes impulsos chegam a determinados grupos de neurónios no córtex dos grandes hemisférios. Alguns conjuntos de neurónios entram em estado de excitação. Com a dinâmica dos fluxos externos de impulsos, a expressão deste estado altera-se. Pode ser multimodal (quando os impulsos provêm de diferentes órgãos dos sentidos) ou unimodal (quando os impulsos provêm apenas de um órgão dos sentidos). No primeiro caso, o número máximo de neurónios corticais sincronicamente excitados pode atingir dezenas ou mesmo centenas de milhões. De facto, esta é a base biofísica e o correlato da consciência. Percebemos quaisquer alterações no número de neurónios sincronicamente activados como alterações no brilho da consciência. É assim que se forma no nosso cérebro um modelo multimodal do ambiente. Raramente é estável. Com flutuações na intensidade dos fluxos de informação recebida, a consciência cintila, tornando-se mais brilhante ou mais fraca.
- Não está a dizer que a capacidade de atenção está de alguma forma relacionada com um aumento do número de neurónios activados sincronizadamente?
- Acho que tens razão.
- Porque é que, por vezes, temos dificuldade em concentrar-nos durante

longos períodos de tempo numa coisa?
- Penso que a dificuldade de manter o nível necessário de irrigação sanguínea de todos os neurónios envolvidos numa determinada atividade intelectual é uma das principais.
- Uma vez assisti a um programa científico sobre como os neurocientistas e os psicólogos estão a tentar objetivar o processo de pensamento utilizando scanners de TAC. Li artigos científicos sobre tentativas de controlar dispositivos técnicos com o pensamento. E reparei como as cores das diferentes áreas do cérebro numa TAC mudavam muito rapidamente, dependendo da atividade que os sujeitos estavam a fazer. Algo como a cintilação de conjuntos neurais era de facto visível.
- Estou a ver do que estão a falar. Chama-se fMRI, ressonância magnética funcional. Difere da tomografia convencional na medida em que regista alterações rápidas no fluxo sanguíneo em áreas bastante pequenas do cérebro. Pensa-se que o valor do fluxo sanguíneo está correlacionado com a atividade funcional de um grupo local de neurónios. A resolução do método é centenas de vezes superior à da eletroencefalografia. Por conseguinte, a fMRI é cada vez mais utilizada na investigação científica e de diagnóstico.
Na minha opinião, é pouco provável que se espere uma aplicação comercial da fMRI para tarefas de controlo de dispositivos e sistemas técnicos complexos. Muito provavelmente, esta experiência será útil na próxima fase de desenvolvimento da técnica de registo da atividade do pensamento humano.
Voltemos ao tema principal.
Permitam-me que vos recorde que também falámos do facto de que do córtex cerebral para as partes mais antigas do cérebro existem impulsos nervosos. Estes impulsos chegam aos neurónios que funcionam em redes subconscientes locais como reguladores de órgãos e sistemas internos. Mesmo durante o sono, quando a visão está desligada, mas a audição, o sentido tátil e o olfato funcionam, a ativação destes sensores leva a modulações da atividade dos órgãos dos sistemas vegetativos: os indicadores do sistema cardiovascular, a respiração, a termorregulação, os órgãos de secreção interna e externa mudam. Nos sonhos, estes órgãos imitam praticamente os mesmos modos de funcionamento que teriam lugar quando se está acordado.
- Porque é que não andamos ou corremos enquanto dormimos?
- A evolução eliminou esses indivíduos. Normalmente, quando se adormece, o caminho dos impulsos dos neurónios corticais para os neurónios motores é bloqueado. Ou melhor, é fortemente enfraquecido. Restam pequenos

movimentos. Além disso, quando não estão associados a um risco de vida, estes canais funcionam. Um exemplo notável é o movimento dos músculos dos globos oculares: quando sonhamos com algo visual, os globos oculares movem-se da mesma forma que quando estamos acordados. Não vou falar de sonâmbulos. Limitar-me-ei ao facto de que a evolução parece ter mostrado um sentido de humor específico aqui.....

- Tens um sentido de humor peculiar! As pessoas estão a sofrer e tu fazes piadas....

- Muito bem, oiçam.

Quando o cérebro (chamo-lhe o "déspota") envia os seus impulsos estimulantes ou supressores para os vários órgãos, que é a única forma de integrar os órgãos num único ato funcional, ele, o cérebro, não pergunta a esses órgãos se querem ou não viver no regime metabólico imposto. O cérebro nem sequer se preocupa em aumentar corretamente a irrigação sanguínea dos órgãos estimulados. E, de facto, as células têm uma reserva muito escassa de moléculas de ATP. Estas são suficientes apenas durante um período muito curto.

- Mas não caímos depois de darmos alguns passos! Portanto, o cérebro, de alguma forma, acumula o fornecimento de músculos e outros órgãos associados. Não é verdade?

- Acho que não estou de acordo consigo. Inicialmente, nestas condições, o cérebro envia impulsos vasoconstritores a quase todos os órgãos para aumentar a tensão arterial. O aumento da pressão sanguínea é necessário para maximizar a produção muscular em nome do objetivo do organismo imposto pelo cérebro ("Correr!" ou "Lutar!").

- Ou eu não entendo ou está a dizer a coisa errada. Um órgão não pode funcionar se o seu fornecimento de sangue estiver comprometido!

- Sim, mas há nuances nas diferentes agências.

Os músculos, por exemplo. Estes estão adaptados para se contraírem durante muito tempo e sem uma boa circulação sanguínea e um bom fornecimento de oxigénio e energia. Em primeiro lugar, como já foi referido, os músculos têm reservas de glicogénio - matéria-prima energética. Em segundo lugar, uma célula muscular pode efetivamente utilizar o modo anaeróbico de síntese de ATP. É verdade que o ácido lático se acumula no músculo. Mas se a sua concentração não for proibitiva, é possível trabalhar. E depois, se estiver longe dos predadores e não for comido por eles, pode respirar e utilizar lentamente o ácido lático acumulado. É importante lembrar que não é o cérebro que faz essa utilização. O próprio ácido lático e os seus produtos de degradação têm um efeito vasodilatador local, aumentando o fluxo de

oxigénio no sangue. E o oxigénio favorece a decomposição do ácido lático em água e dióxido de carbono.
Da mesma forma, os agentes vasodilatadores locais permitem escapar aos esforços opressivos do cérebro, restaurando o metabolismo celular e a sobrevivência a longo prazo.
- Mas não pode ser considerado um mecanismo perfeito!
- E a evolução nunca criou mecanismos biológicos perfeitos. Porque é que uma potencial presa teria um mecanismo perfeito para fugir a um predador, se o predador não é perfeito? O corpo do predador é constituído pelos mesmos elementos imperfeitos - células - e o seu cérebro também não se preocupa com o bem-estar a longo prazo das suas células. O predador conhece geralmente as suas capacidades, pelo que utiliza o seu cérebro para se aproximar sub-repticiamente o mais possível da vítima. E a vítima sabe do que o predador é capaz, pelo que tenta manter uma distância segura. O resultado são dois organismos imperfeitos envolvidos numa eterna luta pela existência.
- E o quê, não há nenhuma exceção a essa regra?
- Eu sei. E talvez isto me pareça ser uma das raras mas marcantes manifestações das vantagens da inteligência avançada.
Lembro-me de ver uma vez um programa no Discovery Channel na televisão. Era o Mundo dos Animais ou a Civilização. Não me lembro exatamente. Mas lembro-me que o explorador, também conhecido como o apresentador, estava numa viagem de caça com dois pequenos bosquímanos seminus. Estava um céu limpo. O guia estava a falar do calor terrível. Caminharam durante muito tempo até que viram um belo antílope bifurcado a pastar sozinho. Quando viu as pessoas, fugiu. Os bosquímanos seguiram-no. A velocidade do antílope era muito maior do que a dos bosquímanos. O anfitrião, ao ver isto, apressou-se a dizer que os bosquímanos não tinham qualquer hipótese de ter uma caçada bem sucedida. Também disse isto aos caçadores. Estes apenas sorriram e pediram-lhe que os seguisse. O líder tentou não ficar para trás. Os bosquímanos perseguiram o antílope com persistência, mas sem qualquer pressão. Passado algum tempo, o antílope ficou exausto e deitou-se. Respirando pesadamente, apenas olhava para os bosquímanos que se aproximavam, que o alcançaram e calmamente espetaram as suas lanças no antílope.
Recordei durante muito tempo o espanto e as exclamações do apresentador. Eu exclamei: "Aqui, de facto, o conhecimento é poder!" A experiência dos fracos bosquímanos sobrepunha-se à força física do belo antílope, que tinha escapado muitas vezes aos temíveis predadores da savana africana.

- Olha, isto já parece uma parábola sobre a evolução e a inteligência!
- Não se pode discutir com isso!
- Mas reparei que não é muito elogioso em relação à evolução. Porquê?
- Seria mais exato dizer que tenho uma atitude sóbria em relação à evolução. Reconheço que a evolução produziu muitas soluções fantásticas nos organismos. Os engenheiros biónicos modernos devem tirar partido destes protótipos biológicos. Ao mesmo tempo, sei que a evolução acumulou muitas soluções que, se fossem concebidas por um engenheiro, fariam com que fosse despedido do seu emprego por inaptidão profissional. Os olhos, por exemplo, são certamente uma grande conquista evolutiva. Mas mesmo neste exemplo, ao colocar os vasos sanguíneos da retina à frente dos cones e bastonetes sensíveis à luz, a evolução reduziu a sua eficiência.

CAPÍTULO 11

Conversa onze

Porque é que ficamos doentes?

- Que perguntas?

- De um modo geral, compreendi a essência da saúde na perspetiva das células. Mas, desta compreensão, não decorre ainda que as doenças sejam inevitáveis. Pode ao menos dizer-me porque é que a saúde nos abandona à medida que envelhecemos?

- Não creio que possa responder a esta questão de forma exaustiva. Mas vou tentar clarificar um pouco este problema.

Em primeiro lugar, vamos descartar as doenças que são o resultado de lesões. A razão é clara: as lesões são acidentais.

Em segundo lugar, excluímos também as doenças infecciosas. Embora existam muitas, regra geral, afectam pessoas com uma imunidade fraca. Falámos apenas de passagem do sistema imunitário, mas basta dizer: este sistema está a enfraquecer devido a uma reprodução insuficiente de células especializadas. Existem muitos imunossupressores na vida tecnológica atual.

Concentremo-nos numa classe especial de doenças, cuja caraterística é o facto de se desenvolverem como que furtivamente, de modo que durante muito tempo não lhes prestamos atenção.

- Se adivinhei a sua linha de pensamento, quer falar de doenças de adaptação.

- Alguns chamam-lhes doenças de adaptação, outros chamam-lhes desadaptação. O essencial não muda: significa que os mecanismos de adaptação do organismo já não são capazes de compensar totalmente os efeitos negativos dos factores de stress internos e/ou externos.

Já dissemos que as moléculas biológicas mais ou menos complexas são geralmente instáveis. Os bioquímicos explicam-no pelo facto de se basearem em ligações fracas de estruturas terciárias e quaternárias. Muitas perturbações, mesmo de pequena magnitude (como as causadas por flutuações termodinâmicas de electrões e protões), podem quebrar estas ligações. Estes acontecimentos no nosso organismo são tão frequentes que cerca de 40% da energia das moléculas de ATP é utilizada para a re-síntese de macromoléculas desintegradas. Por conseguinte, todas as tensões e problemas que reduzem a taxa de síntese de ATP na célula pioram inevitavelmente o seu estado funcional.

No seu tempo, Hans Sellier, o autor do conceito de síndrome de adaptação geral e de stress, deu a primeira explicação teórica das causas de uma vasta classe de doenças. Mas ligou o conceito de stress principalmente às doenças mentais, explicando o mecanismo das suas manifestações psicossomáticas, o que, na minha opinião, distorceu e restringiu ligeiramente o próprio conceito de stress. Hoje em dia, o termo "stress" é mais frequentemente utilizado como a caraterística mais geral da primeira fase do processo de adaptação psicossomática de uma pessoa a condições ambientais alteradas. Na minha opinião, esta abordagem unilateral do fenómeno do stress exagera excessivamente o papel do sistema nervoso central no mesmo. Ao mesmo tempo, a contribuição dos mecanismos intracelulares na luta por um metabolismo ótimo é imerecidamente diminuída.

Deve acrescentar-se que a compreensão tradicional da etiologia das doenças devidas ao stress não tem em conta os feedbacks químicos através dos quais as células modulam o trabalho dos órgãos e sistemas, incluindo a ativação ou supressão do próprio sistema nervoso central. Além disso, nos estados alterados crónicos do organismo, é devido aos canais de comunicação humoral e a vários agentes químicos que ocorrem rearranjos celulares. As alterações do número de células adaptam os órgãos às condições actuais, de forma a atingir o máximo bem-estar celular com o mínimo de gasto energético.

A primeira coisa que decorre desta compreensão do auto-ajustamento do organismo é que somos saudáveis enquanto houver uma adaptação adequada e atempada às condições de vida alteradas. Naturalmente, o processo de transição do estado quase estável anterior para o novo não pode ser instantâneo. A duração do processo depende em grande medida da vastidão das áreas problemáticas. Por outras palavras, do número de células em que existe um défice de energia e/ou de materiais de construção, ou em que a composição necessária do citoplasma e/ou a sua homeostase iónica é perturbada. Este é um dos aspectos do problema. Resulta do facto de a superação dos problemas encontrados ser retardada à medida que a sua magnitude aumenta. Mas há um outro aspeto, igualmente importante. É também fundamental e constitui uma falha inicial, figurativamente falando, uma "marca de nascença" do mecanismo subjacente a todos os processos de biossíntese celular. Refiro-me ao aparelho pouco fiável de reprodução do ADN.

Uma vez que as mutações genéticas pontuais ocorrem frequentemente em cada ato de cópia do ARN, acumulam-se com a idade.

Isto resulta frequentemente num número crescente de versões erradas de moléculas recém-sintetizadas. Os mecanismos imunitários detectam-nas, marcam-nas e eliminam-nas. A molécula necessária tem de ser sintetizada de novo. E este é um processo dispendioso. Por outras palavras, a eficiência da biossíntese diminui com a idade. Para manter o desempenho do mesmo número de células com a idade, temos de gastar mais energia. Esta é a principal razão para a maior vulnerabilidade dos idosos a todos os factores que os afectam. Uma razão adicional é o facto de o número total de células em cada população especializada diminuir. Isto é provavelmente causado pelo encurtamento do comprimento dos telómeros à medida que se aproxima do limite de Hayflick.

- Isso parece-me fatalista! Existem formas de lidar com o encurtamento do comprimento dos telómeros ou com as mutações?

- Eu separaria as duas questões.

Comecemos por discutir o problema dos telómeros. Nos últimos vinte anos, tem havido muita investigação com o objetivo de descobrir se o processo natural de síntese da telomerase pode ser estimulado de alguma forma. Recordo que, em certos tipos de células, esta enzima restaura os telómeros encurtados. Estes estudos fazem eco de outros que tentam compreender como e porquê partes passivas do genoma passam para um estado ativo e vice-versa. Esta tendência tem o nome geral de "epigenética". O que li sobre epigenética sugere que a atividade física - andar, correr - aumenta a síntese de telomerase.

- Oh, então serei recompensado! Há uma razão para eu adorar andar a pé e de bicicleta. Vou envelhecer mais devagar!

- Se eu estiver vivo, ficarei feliz pela vossa longevidade!

E, entretanto, vamos falar um pouco de outra hipótese relacionada com a razão do aumento da idade das mutações. As hipóteses sobre as causas da mutagénese eram muitas. De acordo com cada hipótese, foram propostas formas de combater este fenómeno indesejável. Penso que já ouviram falar do efeito nocivo das espécies reactivas de oxigénio e dos meios de defesa contra elas. Outro nome para este fenómeno é stress oxidativo. A luta contra os efeitos indesejáveis do stress oxidativo é, desde há muito, um grande negócio. No entanto, não há provas científicas sólidas de que sejam as espécies reactivas de oxigénio as responsáveis pelo aumento da frequência das mutações.

- Porque é que quase metade dos adultos tem hipertensão arterial, diabetes mellitus e outras doenças não infecciosas? Porque é que acontece que há muito tempo que é saudável, não sente nada de mal e, de repente, uma visita preventiva ao médico revela que já é um doente? Além disso, o médico diz que a sua doença é crónica e não pode ser tratada de forma radical. A sua única salvação é tomar regularmente uma série de comprimidos para o resto da vida.

- Não vou lembrar-lhe que a vida é um fenómeno perigoso, que há pessoas que morrem por causa dela. É preciso ser filosófico em relação a tudo. Não existe imortalidade. E porque é que havia de existir? Gostaríamos realmente de viver para sempre? Pessoalmente, nunca quis isso. Já tive o suficiente de uma vida. Aprendi o que é que isso significa. Não preciso de mais.
- Bem, não me importava de viver mais tempo e sem doenças. É a perspetiva da senilidade que me assusta.
- E nunca te sentiste intimidado pela incongruência da inteligência com a forma de sustentar a vida que domina o reino animal?
- Se se refere a devorar outras criaturas, isso é nojento para mim. Mas os futurologistas pintam um quadro de um futuro em que seres inteligentes extraem energia e ingredientes químicos para a auto-sustentação diretamente da energia solar e do ambiente. Uma espécie de planta inteligente com a capacidade de se mover livremente no espaço. Que tal esta ideia?
- Na minha opinião, o criador, se é que existiu, deveria ter criado seres pensantes. Caso contrário, seríamos uma quimera com os rudimentos de moralidade e pensamento. E a maioria absoluta das pessoas considera que o objetivo da vida é comer mais, obter prazeres corporais e esforçar-se menos.
- Não vamos entrar em moralismos. Em vez disso, o que é que pensam sobre as causas das chamadas doenças da velhice?
- Pensei que já tinha respondido a esta pergunta em termos gerais: a evolução não criou nem cria um organismo perfeito. Estamos sobrecarregados com vários mecanismos que apenas nos dão uma hipótese de passar alguns dos nossos genes, com todas as suas imperfeições, para a geração seguinte. Se um indivíduo consegue fazê-lo e as condições ambientais são favoráveis para que os herdeiros cresçam, atinjam a puberdade e também transmitam os seus genes à geração seguinte, então a espécie existe. Na velhice já não nos reproduzimos, pelo que uma velhice próspera não é um dos critérios pelos quais os organismos passam pelo crivo da evolução.
- Ou está tão pessimista hoje, ou a própria vida é assim. Mas eu não gostaria que uma imagem tão infeliz do fenómeno mais grandioso do universo - a vida - surgisse perto do fim das nossas conversas.....
- Posso concordar com a sua avaliação da vida. De facto, como seres pensantes, reconhecemos a vida como a maior conquista evolutiva do universo. Mas isso é apenas um lado da perceção da vida. Com o desenvolvimento da genética, veio outra constatação: temos muitos defeitos em nós! A vida é assim! A questão que se coloca é: o que fazer?
- Penso que a resposta é inequívoca - corrigir os erros da natureza!
- É o técnico que há em ti. Acho que também estou do teu lado. Mas com

algumas reservas.
Em primeiro lugar, para nos livrarmos de uma vez por todas das mutações desfavoráveis acumuladas, precisamos de uma correção do genoma nas fases iniciais do desenvolvimento embrionário, mesmo antes da gastrulação.
Em segundo lugar, os especialistas ainda não compreendem totalmente o funcionamento do nosso genoma. A substituição de genes mutantes por genes corretos - e essas experiências foram realizadas em animais - conduz por vezes a resultados inesperados. Por conseguinte, ainda não chegou o momento de intervir de forma decisiva no genoma humano.
Em terceiro lugar, vivemos numa sociedade em que a visão do mundo da maioria das pessoas está envolta em crenças religiosas sobre a vida e o excepcionalismo do homem em particular. Estes pontos de vista moldaram a moralidade pública e as leis são aprovadas sob a sua influência. Atualmente, tanto quanto sei, nenhum país do mundo permite a manipulação dos genes humanos com o objetivo de melhorar a espécie. Há casos em que mutações pontuais em alguns cromossomas de uma pessoa doente são corrigidas por razões médicas.
- Parece-me que o Estado de Israel está à frente do mundo neste domínio. Afinal, existe ali uma lei, apoiada pelos rabinos, segundo a qual os casais prestes a casar têm de se submeter a um controlo genético. Se forem portadores de determinados genes, o casamento não será aprovado pelos rabinos nem registado pelo Estado.
- Sim, estou ciente disso. Mas Israel é a exceção até agora. Para os judeus, a razão sobrepôs-se à religião nesta matéria. Durante demasiado tempo, esta nação, forçada a viver sem um Estado próprio, mas teimosamente indisponível para se assimilar, praticou casamentos de sangue estreitos. O número de genes mutantes no genoma dos judeus Ashkenazi europeus é bastante elevado. E isso aumenta a probabilidade de os genes inactivos (recessivos) do pai e da mãe poderem formar um gene mutante ativo. Na maioria das vezes, esses genes contribuem para anomalias.
- As anomalias são sempre feias?
- Eu não o diria de forma tão grosseira. Há anomalias que prejudicam a qualidade de vida e exigem cuidados médicos especiais para os portadores desses genes. Não se trata apenas de um problema médico, mas também de um problema ético. Mas há outro tipo de anomalias - o aparecimento de uma espécie de superpoderes. A humanidade orgulha-se dos génios, e os judeus são particularmente ricos neles....
- E porque é que nem todos os povos pequenos e isolados têm a mesma frequência de génios?

- Na minha opinião, os genes, por si só, não explicam tudo. Muito depende das qualidades cultivadas por uma comunidade. Alguns povos honram a força e a capacidade de suportar as dificuldades da vida, enquanto outros não o fazem. Talvez o número anormalmente elevado de judeus galardoados com o Prémio Nobel se deva também ao facto de o conhecimento ser honrado nesta nação. Os pais contribuem desde muito cedo para a manifestação dos talentos genéticos dos seus filhos. O facto de haver muitos judeus em países onde a ciência se desenvolve também tem o seu efeito. Afinal, para se ser laureado com o Prémio Nobel, não basta ter génio. Também é necessário um ambiente científico avançado. Mas esta é apenas a minha opinião subjectiva sobre uma questão tão delicada como a relação entre os genes e as caraterísticas intelectuais, físicas e mentais de um indivíduo. As estatísticas mostram mais uma coisa: a linha que separa a genialidade das doenças mentais, como a esquizofrenia, é demasiado ténue.

- Vejo que voltou a falar de doenças. Devo concluir que as doenças da velhice são geneticamente predeterminadas? Se assim é, porque é que se manifestam com tanto atraso? Afinal, eu pensava que o mau gene se manifestava desde os primeiros dias de vida!

- De facto, esta é uma pergunta difícil. Penso que a resposta correta não deve excluir as duas opções: há doenças genéticas que se manifestam imediatamente e há aquelas que podem aparecer com a idade. Neste último caso, muito provavelmente, os activadores dos maus genes "silenciosos" são os factores da vida que actuam através de mecanismos epigenéticos.

- Lá está a misteriosa epigenética outra vez!

- Sim, é ainda muito misterioso. Mas já existem provas científicas convincentes de que, em determinadas condições, a modificação epigenética dos genomas parentais pode ser transmitida à geração seguinte.

- Será este o novo Lamarckismo?

- Quase. Afinal, talvez o velho Lamarck tivesse razão nalguma coisa. Senão, como explicar que as serpentes marinhas tenham o corpo e a cauda achatados como os peixes, que todos os animais aquáticos secundários tenham membranas entre os dedos dos pés e que na família dos cetáceos tenha aparecido a barbatana dorsal? Esta lista de adaptações é muito mais longa do que os exemplos dados. E a hipótese de que as mutações aleatórias e a seleção produziram essas caraterísticas estruturais porque são eficazes é difícil de encaixar num período de tempo limitado. Talvez alguns activadores de mecanismos epigenéticos activem um grupo de genes ligados ao mesmo tempo ...

Talvez, neste contexto, seja necessário recordar uma outra curiosidade da genética. Afinal, os pais fundadores desta ciência e a maioria dos seus alunos nem sequer pensavam noutra forma de herdar caraterísticas que não fosse estritamente através dos genes dos pais para a descendência. No entanto, mais tarde descobriu-se que existe outra - a transferência horizontal ou interespecífica de genes. A propósito, este método é utilizado pelos micróbios. Pode parecer-nos engraçado, mas os micróbios também têm sexo masculino e feminino. Um representante do sexo masculino tem um estilo sexual peculiar, através do qual a célula dadora transfere material genético para a célula recetora (é importante notar que não é apenas da sua própria espécie!). Atualmente, a transferência horizontal de genes através de fagos especiais é utilizada na correção do genoma.

- É assustador! É possível que, se apanharmos uma infeção viral numa idade jovem, possamos transmitir genes estranhos aos nossos descendentes através da reprodução natural?

- Em princípio, existe. Mas não se deve temer tanto. Os geneticistas estabeleceram que mais de 15% do genoma humano foi introduzido por vírus. Por outras palavras, uma parte do genoma dos vírus com que tivemos contacto não desapareceu sem deixar rasto. Muitos vírus têm uma adaptação especial que lhes permite inserir-se no genoma da célula hospedeira. Os vírus deixaram alguns dos seus genes no nosso genoma e deram-nos novas qualidades. Devemos estar-lhes gratos.

- Uau! Acontece que não devemos apenas aos micróbios intestinais, o micróbio que engoliu o antepassado da mitocôndria, mas também aos vírus! Lá se vão os ziguezagues inesperados da evolução! É um pouco assustador. Quero dizer, nada disto podia ter acontecido, pois não?

- Há mais para vir!

- Com que mais me vais assustar?

- Não é para vos assustar. É que todo o passado não garante que o nosso corpo e a espécie humana resistam a ameaças fundamentalmente novas. O nosso sistema imunitário protege-nos apenas das pragas que já encontrou no passado ou, num novo encontro, tem tempo suficiente para dominar os vírus antes que estes se tornem demasiado numerosos. A experiência imunitária da população humana não é ilimitada. Não há garantia de que o ritmo a que um vírus se apodera do aparelho genético humano nunca ultrapasse o ritmo a que se desenvolve uma defesa imunitária eficaz.

Mais uma vez, constato que a vida, seja qual for o grau superlativo de comparação com que a falemos, não é isenta de defeitos. Não é apenas o indivíduo que é mortal. A própria vida é mortal. Pelo menos no planeta Terra: porque as inevitáveis mudanças na física do Sol irão, mais cedo ou

mais tarde, privar a vida de condições confortáveis.
- O que é que é suposto fazermos? Não estamos preparados para melhorar, e não nos é permitido fazê-lo.
- Esperemos que não haja vírus deste género durante muito tempo. Outra estratégia envolve a disseminação de formas de vida terrestres para outros planetas. Mas mesmo que a humanidade consiga implementar esta estratégia, a vida extraterrestre sofrerá uma evolução tal que os nossos descendentes distantes não se assemelharão de todo a nós. Claro que isto não é razão para não trabalhar nesta direção. Para dizer mais, é o nosso dever para com os nossos antepassados e parentes genéticos não tão razoáveis. Numa catástrofe cósmica, eles não têm qualquer hipótese de sobreviver. Se a nossa inteligência pudesse salvar a vida não inteligente da extinção, eu consideraria isso não só um objetivo nobre mas também digno da razão.
- Que mais me pode dizer sobre a saúde?
- De facto, este tema é inesgotável e multifacetado. Quando iniciei as nossas conversas, não me propus a tarefa de cobrir a vastidão. O meu objetivo era muito mais modesto - dar-vos uma compreensão básica do nosso corpo, com base no conhecimento da sua estrutura celular e na visão evolutiva do mundo. Penso que tudo o que poderia ser feito num período de tempo tão curto foi feito. Tivemos discussões activas. Se for desejado e possível, estou pronto a continuar e a desenvolver as principais teses dos nossos debates no futuro. Faremos uma pausa amanhã e voltaremos a encontrar-nos dentro de um dia. Peço-vos que leiam todas as notas e que, durante a última conversa, resumam a vossa compreensão da essência da vida.
- Não me vou esquivar ao exame e espero passar. Afinal de contas, durante as nossas conversas regulares, já ouvi as gravações muitas vezes. Mas tendo em conta o interesse do meu patrão por tudo o que diz respeito a um homem, e especialmente pela sua atividade intelectual, sobre a qual nada foi dito, tenho outra sugestão. Vamos encontrar-nos também amanhã. O tema da conversa é o cérebro.
- De facto, não é essa a minha especialidade. Sempre evitei alargar as regularidades puramente fisiológicas à esfera psico-emocional. Não é por acaso que mencionei a admissão do Prémio Nobel Crick de que o cérebro continua a ser, em grande parte, uma área obscura para a ciência. Mas, já que pergunta, vou tentar.

CAPÍTULO 12

Conversa doze

Cérebro

- A própria tentativa de explicar as regras do cérebro numa breve conversa não pode ser considerada outra coisa senão uma aposta. Não se esqueçam de que estou a fazer isto apenas por obrigação e por amizade antiga.
- Não sejas sedutor! Penso que sabe muito mais sobre o cérebro do que os especialistas que há muito tempo se esforçam por modelar a atividade intelectual. Têm o descaramento de utilizar os termos "algoritmos genéticos", "redes neuronais", que têm uma relação muito distante com estes conceitos da biologia. Não chamaram inteligência artificial aos algoritmos primitivos de reconhecimento de padrões?
- Não é só o meu conhecimento limitado que é o problema. Está a pedir-me que quase conclua se o cérebro humano é perfeito ou se tem os mesmos defeitos evolutivos que o resto do corpo. Embora eu tenha pensamentos subjectivos sobre o assunto, não posso fazer esse julgamento.
- Ninguém o vai julgar. Poderemos ter em conta as suas considerações quando falarmos com outros especialistas sobre este tema. O que precisamos é de informação introdutória fiável e compreensível, nada mais.
- Se for esse o caso, vou experimentar.

O cérebro evoluiu da mesma forma evolutiva que os outros órgãos. No cérebro existem estruturas antigas situadas diretamente acima da medula espinal e que possuem um grau significativo de autonomia, e um certo número de estruturas que surgiram em fases posteriores da evolução do ramo dos vertebrados, no topo do qual nos encontramos.

A autonomia é assegurada por um certo número de grupos de neurónios localizados na medula oblonga, que são, na realidade, centros que processam a informação interna recebida sob a forma de impulsos nervosos. A parte principal dos impulsos que chegam através dos canais nervosos ascendentes contém algumas informações sobre os parâmetros vitais dos órgãos internos. Outra parte dos impulsos provém das estruturas superiores e posteriores do cérebro. Com base nos resultados do processamento desta informação, os neurónios enviam impulsos que corrigem a atividade funcional dos órgãos.

A primeira conclusão do que precede é que a autonomia dos centros reguladores da medula oblonga é relativa. Graças às ligações entre esta parte do cérebro e as suas partes superiores, a nossa consciência pode modular o trabalho do sistema nervoso autónomo. Mas esta possibilidade é maior para algumas funções (por exemplo, a respiração) do que para outras (por exemplo, a hemodinâmica). É também de salientar que, a partir de alguns órgãos, as condutas nervosas se dirigem não só para a medula oblonga, mas também para cima. Estas ligações fornecem uma base estrutural para a modulação inversa do nosso estado psico-emocional.

- O cérebro é composto apenas por neurónios?

- Bem, não é só isso. Em primeiro lugar, porque o cérebro, como todos os outros órgãos, tem de ter uma rede vascular. Em segundo lugar, para além dos neurónios, existem células semelhantes a estrelas (astrócitos), pequenas células gliais, cujo número é cerca de 10 vezes superior ao número de neurónios, bem como células a partir das quais se forma a bainha de mielina das fibras nervosas condutoras. A sua função ainda não é totalmente conhecida, mas sabe-se que contribuem para o metabolismo dos neurónios.

- Porque é que o cérebro está rodeado de líquido?

- Sim, de facto, tanto o cérebro como a espinal medula estão imersos num líquido especial chamado *"líquido cefalorraquidiano"*. Este pode passar de uma cavidade para a outra através de um pequeno espaço entre a cabeça e o canal espinal. Este líquido amortece as cargas de choque no tecido cerebral durante acelerações súbitas. Para além disso, todos os processos metabólicos nas células ocorrem através do líquido pericelular.

A medula espinal é o principal mediador através do qual passam os nervos que ligam as estruturas do cérebro às estruturas do corpo. Na saída da medula espinal existem pequenos grupos de neurónios - os gânglios.

- Toda a comunicação entre o corpo e o cérebro é feita através destes gânglios e da medula espinal?

- Nem todos. Há um nervo (chamado nervo vago) que dá a volta e inerva quase todos os órgãos internos.

- Ouvi dizer que existe uma espécie de cérebro intestinal no estômago. O que é que é?

- Na verdade, os aglomerados neuronais não se encontram apenas no intestino. Estão presentes em quase todos os órgãos internos. Graças a estes agrupamentos locais, existe uma certa regulação autónoma da atividade do órgão e do estado dos seus vasos sanguíneos. Só que no intestino a rede nervosa é bastante densa, o que está relacionado com o papel evolutivamente importante que o sistema digestivo desempenhou e continua a desempenhar na sobrevivência dos animais.

- Muito bem, até agora falámos sobretudo da anatomia do cérebro. O que é que podes fazer para nos ajudar a perceber como é que ele funciona?

- Está a deixar-me novamente perplexo! Não vou conseguir simplificar este órgão tão complexo em unidades primitivas para explicar o seu

funcionamento com os conhecimentos de que disponho. A única coisa que posso fazer é chamar a vossa atenção para a relação entre o tipo de célula e as suas funções externas.
Até agora, concentrei a vossa atenção no facto de as funções das formações multicelulares derivarem das propriedades das células especializadas que as constituem. Vamos aplicar o mesmo método para analisar as peculiaridades do cérebro.
Qualquer que seja o tipo de neurónio, ele tem um soma (corpo), um ramo longo (axónio) e muitos ramos curtos - os dendritos. É verdade que alguns neurónios receptores são bipolares, ou seja, possuem dois axónios, um dos quais está associado a ramos terminais sensitivos, e o outro - centrípeto - contacta com outros neurónios. Todos os ramos terminais de um neurónio terminam numa *placa sináptica* espessada (ver Fig. 4).
Não existe contacto mecânico entre os dois neurónios. O contacto é funcional e efectua-se através da fenda sináptica, na qual, sob a influência de um impulso, são libertadas da placa sináptica bolhas contendo substâncias químicas de composição diferente. Estas substâncias desempenham o papel de mediadores estimulantes ou inibitórios. Através da difusão, estes mediadores atingem a membrana pós-sináptica (que pode estar no soma de outro neurónio ou pertencer a um dos seus ramos) e excitam um potencial de ação no neurónio. O potencial de ação espalha-se pela rede de neurónios e o processo recomeça. É assim que a informação interna se propaga na rede.
A presença de uma fenda sináptica e de mediadores químicos da integração neuronal numa rede indica que o neurónio é uma versão posterior de uma célula normal que anteriormente só tinha uma forma de interagir - através de mediadores químicos.
A fenda sináptica elimina a propagação do impulso elétrico na direção oposta.
Esta breve introdução foi necessária para tentar compreender, pelo menos a um nível concetual, o que é o pensamento e a atividade intelectual.
Um neurónio individual só é capaz de produzir um impulso de saída sempre que a soma da amplitude e do tempo de todos os impulsos recebidos for suficiente para que surja um potencial de ação - impulso - numa área especial do soma (*colina do axónio*), onde a excitabilidade da membrana é aumentada.
O pensamento é sempre o resultado da função de um conjunto de neurónios. Os conjuntos funcionais de neurónios podem incluir desde centenas de milhares a dezenas de milhões de neurónios. Parece que numa tal rede os impulsos circulam durante algum tempo sem se desvanecerem. Há uma

opinião de que esta circulação é a base material dos pensamentos. Estes surgem apenas em condições favoráveis, quando os impulsos que passam por todos os canais estão quase sincronizados. Como esta sincronização é quase acidental, parece-nos que o pensamento é espontâneo e fugaz.

- Como podemos então organizar o nosso pensamento, raciocinar logicamente?

- Eu avisei-vos, o cérebro é uma substância negra. Não sabemos a resposta à tua pergunta.

Mas sabemos que o pensamento tem muitas modalidades. Quando pensamos em comida, lembramo-nos da vista, do cheiro, das pessoas com quem partilhámos a refeição, do tempo enquanto a comemos, de conversas, de anedotas e muito mais. Esta natureza multifacetada do pensamento sugere que uma determinada rede neuronal tem ligações a muitas outras redes. Na linguagem do matemático, o pensamento é uma função de muitos parâmetros. Certamente que, entre estes parâmetros, as nossas sensações, que entraram no cérebro através dos sentidos, estão no topo da lista. Mas há também parâmetros que são o resultado do processamento desta informação primária. É por isso que cada palavra e cada pensamento têm um grande número de associações.

- Bem, pode ao menos dizer-me quão autónomo é o cérebro?

- Penso que já abordámos este tema anteriormente. A minha opinião subjectiva é que o cérebro precisa inicialmente de uma carga mínima de informação para funcionar. Além disso, se não houver um novo fluxo de informação, o cérebro pode trabalhar de forma autónoma, figurativamente falando, "brincar" com essa informação, criar nova informação a partir dela e distribuí-la sob a forma a que chamamos conhecimento. Se a informação for reabastecida, o cérebro compara-a com a base existente, verifica a conformidade da nova informação com o modelo de conhecimento existente e, possivelmente, corrige o modelo.

- Tudo isto parece convincente, mas é muito especulativo. Qual é a base factual para isso?

- Não sei até que ponto ficarão satisfeitos com a minha resposta, mas quero usar um exemplo. Psicólogos americanos realizaram um inquérito para descobrir se a visão do mundo das pessoas se correlaciona com os temas de sonho predominantes. Verificou-se que os principais temas de sonho dos americanos estavam associados ao sucesso financeiro, ao trabalho e ao dinheiro, enquanto os dois temas predominantes entre os mexicanos inquiridos eram a comida e a religião.

- Já percebi a dica! Aquilo em que pensamos durante o dia, sonhamos durante

a noite. Um modelo cerebral de conhecimento estimula e apoia o trabalho de outro.
- Exatamente!
- Não é demasiado primitivo? Afinal de contas, acontece que, de repente, um pensamento brilha claramente na sua mente, ligando um conceito conhecido a um novo! O que é que se passa?
- Os neurofisiologistas descobriram que os neurónios constroem novos dendritos a toda a hora e, ao mesmo tempo, destroem alguns dos dendritos existentes. O processo de crescimento de novos dendritos é lento. Um novo ramo vagueia no espaço e só pára de crescer quando encontra um obstáculo. Pode ser o soma de outro neurónio ou as suas ramificações. Imediatamente após o contacto mecânico, um novo canal sináptico de transmissão de informação começa a formar-se nesse local.
- Quer dizer que um pensamento que circula num conjunto de neurónios durante algum tempo pode passar para outro, certo?
- Figurativamente falando, é isto que acontece. Esta é a base material e neural das associações mentais que surgem espontaneamente.
- E o que explica a variedade de associações evocadas pelos odores?
- Esta é uma questão simultaneamente simples e complexa. Até há pouco tempo, a ciência era dominada pela ideia de que cada odor (e o seu portador é uma molécula química específica) tem o seu próprio recetor no nariz. Pensava-se que a molécula e o seu recetor se encaixavam como uma chave numa fechadura. Mas o local onde a informação sobre os odores é armazenada no cérebro é uma estrutura antiga - o sistema límbico. Está localizado acima do tronco cerebral. O sistema límbico recebe informações não só do nervo olfativo, mas também dos órgãos da visão, da audição, do equilíbrio e dos proprioceptores musculares. Uma parte da informação processada pelo sistema límbico é enviada para o córtex cerebral e para o sistema reticular, que ativa todos os neurónios do cérebro. O sistema límbico, que representa o principal centro das emoções, está intimamente ligado ao tálamo, ao hipotálamo e à hipófise. A descoberta desta organização em rede constituiu a base da nossa compreensão da razão pela qual os cheiros desencadeiam uma tão vasta gama de memórias.
Recentemente, foi demonstrado que o princípio da fechadura não é aplicável para explicar a nossa perceção dos odores. Acontece que há processos quânticos envolvidos que ainda não são muito claros. Pelo menos, ficou estabelecido que não é a molécula inteira do "odor" que é importante, mas o seu componente ativo específico. Por outras palavras, diferentes moléculas complexas que tenham um fragmento comum na sua composição provocarão

a mesma resposta no nosso cérebro.
Porquê tanto interesse pelos cheiros?
- Estive a pensar em como funcionam os sistemas de perceção do cérebro. Quando falaste de sensores, deixaste de fora a deteção de odores. Por isso, queria obter mais informações.
- Note-se que o centro olfativo do cérebro pode mudar de tamanho. E isto está relacionado com a aprendizagem.
- O que é que a aprendizagem e a adaptação têm em comum?
- Nada!
A adaptação é um rearranjo estrutural intracelular que preserva a integridade estrutural de uma célula. Sabemos também que a adaptação de um órgão é uma alteração do número das suas células, a formação de uma nova rede de pequenos vasos. Não se observa nada deste género durante a aprendizagem. Quando aprendemos a falar, a ler, a memorizar a tabuada, o caminho para casa e a dominar outras competências semelhantes, não nos ocorre dizer que nos estamos a adaptar, por exemplo, à tabuada!
- Uma vez vi um programa no Discovery Channel sobre taxistas de Londres. O programa afirmava algo espantoso: à medida que memorizavam um mapa das estradas da cidade (existem cerca de 25 mil em Londres), a parte do cérebro dos estagiários aumentava decentemente. O que é que acha disto?
- Sim, estou familiarizado com esta investigação. Estamos a falar de aumentar o tamanho de um órgão especial do cérebro, o *hipocampo*, que está localizado na região central do cérebro. O hipocampo é responsável pela memória, e pela memória espacial. O aumento do hipocampo resultou de um aumento do número de ligações - fibras nervosas - entre os neurónios.
Posso acrescentar algo da minha própria experiência. Sempre que comecei a escrever uma monografia, ao fim de algum tempo comecei a sentir dores de cabeça frequentes. No início, não prestei muita atenção a isso. Eram apenas dores. Já as tinha tido antes.
Mas quando começou a repetir-se em cada novo livro, perguntei-me porquê.
Sabe-se que não existem receptores de dor no próprio cérebro. Estes encontram-se nos vasos sanguíneos e no interior da dura-máter elástica, que se situa entre o osso e o cérebro. Uma vez que o espaço entre o cérebro e a dura-máter é pequeno e está cheio de líquido, um aumento do fluxo sanguíneo ou do volume do próprio cérebro aumenta a pressão deste líquido, que é percepcionado pelos receptores da dura-máter como dor.
Existe uma correlação direta entre a atividade mental e o aumento do fluxo sanguíneo para o cérebro. Mas é pouco provável que eu estivesse a pensar intensamente 24 horas por dia. É mais provável que o aumento do fluxo

sanguíneo cerebral só possa explicar uma dor de cabeça de curta duração. A dor crónica pode ser causada por um aumento da pressão do líquido cefalorraquidiano devido ao aumento do volume cerebral. Considerando que o período de preparação para escrever cada livro durou aproximadamente dois anos, e que durante esse tempo foi necessário ler e memorizar uma enorme quantidade de informação diversa, há razões para acreditar que o aumento significativo das ligações interneuronais aumentou o volume total do cérebro. Isto também é indicado pelo facto de, alguns meses após a conclusão desta atividade intelectual extenuante em particular, a dor ter desaparecido.

- Estou familiarizado com esse tipo de dor. Mas pensei que fosse uma enxaqueca, por isso tomei analgin. Já que estamos a falar de dores de cabeça, pode esclarecer mais duas questões? Porque é que uma dor de cabeça dói se não há receptores de dor no cérebro? O que é a dor de cabeça associada a alterações súbitas da pressão atmosférica?

- Para não dar uma falsa ideia sobre a natureza exclusivamente biomecânica da cefaleia, gostaria de salientar que existem cefaleias de natureza química. Uma série de produtos endógenos do metabolismo celular provocam vasoespasmo cerebral. A deterioração prolongada do fornecimento de sangue aos músculos lisos destes vasos é a causa de dores de cabeça deste tipo. E o mesmo mecanismo é a base de dores prolongadas e incómodas noutros órgãos.

Já referi que o aumento do fluxo sanguíneo provoca dores de cabeça. Vejamos agora o mecanismo do aumento da pressão arterial. Imaginemos o efeito do aumento da pressão atmosférica em todo o corpo. O cérebro e os seus arredores encontram-se numa caixa craniana rígida, que não transmite para o interior as alterações externas da pressão atmosférica. E o resto do tronco é elástico. Nos tecidos, a pressão é aproximadamente igual à pressão atmosférica, porque a pele e os músculos transmitem a pressão externa para o interior do corpo quase sem distorção. E no interior do corpo existem vasos sanguíneos com sangue incompressível. Por conseguinte, à medida que a pressão externa aumenta, algum sangue desloca-se em direção à cabeça, aumentando a pressão e o volume dos vasos cerebrais. A distensão dos vasos sanguíneos é uma das causas das dores de cabeça. Outra fonte é o extravasamento dos seios venosos do cérebro e o aumento da pressão sobre os mecanorreceptores do revestimento interno. O estiramento excessivo destes receptores provoca a sensação de dor de cabeça.

- Porque é que a minha dor de cabeça também ocorre quando a pressão atmosférica desce? Sou passageiro frequente e reparei que tenho muitas vezes

dores de cabeça nos aviões.
- Falemos primeiro do mecanismo do efeito dos saltos de pressão atmosférica no corpo e depois voltemos ao avião.
De acordo com a biomecânica, quando a pressão externa (pressão atmosférica) diminui, os vasos sanguíneos elásticos do tronco dilatam-se ligeiramente e a pressão sanguínea diminui. Isto é suficiente para aumentar o fluxo de sangue através das veias da cabeça. Nos seios cerebrais encolhidos, os receptores do cérebro provocam sensações de dor.
Agora, porque é que um passageiro de um avião moderno pode ter uma dor de cabeça. A questão é que, de acordo com os requisitos de segurança, os aviões estão equipados com uma máquina de pressão na cabina e na cabina. Depois de atingir uma certa altitude e durante todo o voo, este dispositivo regula a pressão no interior do avião para menos 230 mmHg do que a pressão normal ao nível do mar. O valor da pressão na cabina de 530 mmHg, que corresponde ao nível de pressão normal a uma altitude de 2450 metros, é a causa das dores de cabeça. Note-se que o corpo reage a uma pressão tão baixa tentando livrar-se do líquido "extra". Um voo longo tem um efeito diurético.
- Tenho duas perguntas a fazer. Porque é que se escolheu este valor de pressão atmosférica no avião, se os passageiros sofrem com isso? Quererá isto dizer que as pessoas que vivem permanentemente a altitudes de 2450 metros ou superiores devem ter dores de cabeça a toda a hora?
- A resposta à primeira questão é a seguinte: os mecanismos fisiológicos da maioria das pessoas saudáveis compensam os fenómenos biofísicos desfavoráveis através de um complexo de reacções adaptativas sem qualquer doença grave.
Para responder à segunda pergunta, devo lembrar que a pressão atmosférica também afecta a pressão parcial de oxigénio no ar inalado. Consequentemente, as células receberão menos oxigénio e a taxa de síntese de ATP diminuirá. Analisámos em pormenor a resposta complexa à hipoxia nas nossas palestras sobre energia e fisiologia dos sistemas. Analisámos também o mecanismo de adaptação à hipóxia crónica.
- É isso, não precisas de elaborar mais nada. Eu lembro-me. Então, o sangue dos aborígenes das terras altas tem mais glóbulos vermelhos, os pulmões são maiores, as células têm mais mitocôndrias e há uma rede desenvolvida de vasos microscópicos.
Porque é que as dores de cabeça também ocorrem com perturbações geomagnéticas? Qual é a relação entre a atividade solar e as dores de cabeça?
- A ciência não sabe a resposta exacta à primeira pergunta. Existe uma

hipótese de que as alterações na intensidade do campo magnético aumentam a tensão arterial. Esta hipótese é justificada por dois factos independentes. Primeiro: a resistência do vaso ao fluxo de sangue aumenta com o aumento da sua viscosidade. Quanto mais grosseiras forem as formações sanguíneas, maior será a sua viscosidade. Segundo: os glóbulos vermelhos contêm a proteína hemoglobina, que contém ferro. É sensível à intensidade do campo magnético. Nesta base, conclui-se que, quando a intensidade do campo magnético aumenta, os glóbulos vermelhos individuais aderem uns aos outros e formam coágulos que impedem o fluxo de sangue através das pequenas artérias. Como se houvesse uma ligação lógica. Mas não é muito claro para mim porque é que a pressão sanguínea deveria aumentar em resposta não só a um aumento da intensidade do campo geomagnético, mas também ao seu enfraquecimento. Além disso, a intensidade do campo geomagnético é muito mais fraca do que os campos magnéticos artificiais em que o homem moderno e urbanizado está imerso.

Agora sobre a ligação entre as tempestades solares e o seu eco terrestre (de acordo com a terminologia proposta por Chizhevsky no início do século passado). Sabemos que estamos protegidos das flutuações moderadas do campo eletromagnético do Sol pelo campo geomagnético. Outra coisa é quando as perturbações na superfície do Sol são tão fortes que há uma grande ejeção de massa coronal. Noto que, mesmo neste caso, existem dois mecanismos diferentes para a influência deste acontecimento solar - a rutura do laço do campo magnético na superfície do Sol - sobre nós. O primeiro mecanismo, rápido, é provocado pelo impulso eletromagnético indutor de dores de cabeça que surge no momento da rutura do laço. É rápido porque se propaga à velocidade da luz e atinge a Terra em cerca de 8 minutos, perturbando o campo geomagnético. O segundo mecanismo, lento, deve-se ao movimento físico das partículas ionizadas do Sol no espaço. A velocidade deste movimento é significativamente menor do que a velocidade da luz. Normalmente, estas partículas atingem a ionosfera terrestre e perturbam o seu campo magnético três dias após o evento solar.

Acontece que se inventarmos roupas com condutores incorporados (por exemplo, feitos de nanomateriais), podemos proteger as pessoas vulneráveis das perturbações geomagnéticas!

- Isso é perfeito. Penso que funcionará independentemente do mecanismo que causa a sensibilidade humana patológica às perturbações geo e heliomagnéticas.

Voltemos agora à variabilidade da massa cerebral. Afinal, já vos disse que o número de ligações nervosas aumenta quando repetimos repetidamente uma nova informação para a memorizar. Mas as ligações inter-neuronais também são eliminadas se o cérebro não as utilizar.

- Então, para que algo não seja esquecido, é preciso lê-lo de memória com mais ou menos regularidade, ou quê?

- Em princípio, sim, mas há um pormenor importante que também funciona nos dispositivos técnicos de memória. Sempre que uma informação é lida, é escrita novamente!

- E o que é que acontece se um terceiro acontecimento se interpuser entre estes dois acontecimentos?

- O mais engraçado é que não é a primeira pessoa a ter esta ideia. Os psicólogos já estão a fazer isto para livrar os pacientes de memórias traumáticas. O médico sob hipnose induz essas memórias no paciente, combinando-as com informação nova e mais agradável. Dizem que funciona.

- E com que rapidez é que as novas sinapses interneuronais crescem ou são destruídas?

- Li algures que são necessários cerca de dois meses para que se formem novas associações. Quanto à degradação, há provas indirectas de que isso acontece mais rapidamente. Por exemplo, uma quinzena de férias na praia é suficiente para que o QI desça 5 a 10 pontos.

- Tenho uma pergunta louca, não exatamente sobre o nosso tema. Posso fazê-la?

- Vamos lá!

- Em que medida é que o cérebro de uma pessoa encolhe com a idade e se existe uma perda de capacidade mental associada a esse facto?

- Pensa-se que o número máximo de neurónios é criado no final do período intrauterino. Mais tarde, apenas se formam novas ligações inter-neuronais. Estas atingem o seu máximo por volta dos 20 anos de idade, diminuindo depois o número de neurónios. Não é por acaso que se diz que o cérebro de um estudante do segundo ano é muito mais poderoso do que o cérebro dos seus professores.

Quanto às perdas intelectuais com a idade, são mais frequentemente causadas por uma fragmentação do cérebro do que por uma diminuição do número de neurónios. Em caso de fragmentação senil, as ligações associativas são afectadas, torna-se mais difícil concentrar a atenção, é difícil perceber várias modalidades de informação do mundo exterior ao mesmo tempo. Muitas vezes, quando se tenta concentrar a atenção, ocorrem efeitos secundários: a pessoa começa a chorar, surgem outras manifestações emocionais e vegetativas.

- Olha, já chega! Eu não quero viver muito mais tempo. Há alguma coisa boa

em envelhecer?
- Se serve de consolo, existe. O espaço entre o cérebro propriamente dito e a caixa craniana aumenta com a idade. Se os jovens que sofrem hemorragias cerebrais morrem em quase 100% dos casos, porque as funções das estruturas cerebrais vitais são perturbadas, os idosos sobrevivem na maioria dos casos de AVC hemorrágico. E, muitas vezes, há mesmo uma reabilitação completa e o restabelecimento de funções temporariamente perdidas.
- Isso é reconfortante! É engraçado, mas acontece que é geralmente melhor para a saúde ter um cérebro pequeno. É mais difícil viver uma vida inteligente!
- O tamanho do cérebro e a inteligência não estão estritamente correlacionados. A massa cerebral de Einstein (embora na altura já tivesse 76 anos) era de 1255 g, ou seja, menos 200 g do que a massa cerebral média dos homens.
- Outro pensamento perdido. Se não o disser, esqueço-o. E o que dizer de sonhos como aquele, em que uma pessoa saudável sonha com uma doença e, passado algum tempo, fica mesmo doente com ela?
- Há duas explicações possíveis. A primeira: a doença já começou e, nas fases iniciais, certas substâncias químicas são libertadas das células doentes para o sangue, que atravessam a barreira entre o sangue e o cérebro e iniciam os sonhos correspondentes. A segunda: uma pessoa é imaginativa, e a sua consciência e subconsciência reconfiguram os centros cerebrais da medula oblonga de modo a que estes, suprimindo a atividade dos sistemas autónomos, perturbem a atividade normal das células de órgãos específicos.
Basta dizer que o enfraquecimento crónico do fornecimento de sangue regional pode levar à patologia dos órgãos.
- E os seus mecanismos de adaptação?
- São, evidentemente, activados. Mas as possibilidades dos mecanismos fisiológicos não são ilimitadas!
- Faço uma pergunta curiosa: que cérebro é mais poderoso, o que tem mais massa cinzenta ou branca?
- A massa cinzenta são os neurónios do córtex cerebral e a massa branca são as fibras nervosas entre os neurónios. Antes de responder, gostaria de colocar uma limitação: com a mesma massa de ambos os cérebros.
Estudos realizados com a ajuda de tomógrafos de ressonância magnética constataram um pormenor curioso: nos representantes das ciências exactas, em primeiro lugar, os matemáticos, a massa de matéria branca é significativamente menor do que nas pessoas de profissões humanitárias. E a massa cinzenta muitas vezes não é tão grande. Este facto intrigou os

investigadores. Afinal, pensava-se que os matemáticos tinham cérebros mais desenvolvidos! Então, o que é que se passa?
Para encontrar a chave deste enigma, foram estudadas crianças em idade pré-escolar. Foram identificados dois grupos entre elas. O primeiro grupo incluía aquelas que praticamente não faziam batota ou mentiam. O segundo incluía as que tinham tendência para mentir. Os resultados da TAC surpreenderam os investigadores. Verificou-se que as crianças honestas têm muito menos massa cinzenta do que as crianças propensas a fazer batota. Além disso, de acordo com testes normalizados, os resultados de inteligência dos "honestos" excediam os dos "trapaceiros". A conclusão dos investigadores foi inequívoca: as ligações adicionais entre os neurónios são uma forma de compensar a falta de capacidades naturais.
Sociólogos e psicólogos australianos efectuaram outro estudo a longo prazo. Este estudo mostrou que a falta de adaptação social precoce das crianças pouco dotadas reduz a sua esperança de vida. Por outras palavras, a presença de um talento natural em qualquer domínio contribui para o desenvolvimento dessa especialização, mas em detrimento da socialização. Por outro lado, a ausência de sinais precoces de talento não é um veredito social. Pelo contrário, os bons matemáticos adultos, por exemplo, trabalham muitas vezes para aqueles que não obtiveram grande sucesso nos seus anos de escola, mas que tiveram de aprender a mentir para progredir na sociedade. Uma pessoa que tem muitas respostas para a mesma pergunta tem mais hipóteses de sucesso social do que alguém que aprende perfeitamente matemática, física e ciências exactas. Isto é um paradoxo, mas é um facto!
- Quando insisti nesta conversa, não estava à espera de tal julgamento! Afinal, eu e tu aprendemos e fizemos ciência para nada.
- Penso, querida, que fomos para a ciência porque os nossos pais e professores nos elogiaram pelos nossos bons estudos. Mas os nossos cérebros estavam socialmente subdesenvolvidos, não construindo o número certo de ligações interneuronais. Nós amávamos a verdade, não o dinheiro! E mesmo que tivéssemos dinheiro, tê-lo-íamos gasto na criação de laboratórios de investigação, apoiando a ciência, não é verdade?
- Acho que tens razão. Há algo de errado com os nossos genes.
- Minha querida, é a genética que diz que tem de haver tais genomas na população. Afinal de contas, se não houvesse pessoas de ciência, não haveria civilização moderna! Por isso, vamos terminar as nossas conversas com esta nota otimista.
- Desculpe, mas não disse nada sobre emoções. Tenho encontrado muitas coisas contraditórias nos debates sobre IA acerca da necessidade de modelar

este aspeto da vida humana. Por outro lado, já existem robots humanóides com manifestações exteriores de certas emoções. Pode dar-me a sua opinião?
- As emoções são um problema biológico enorme e distinto. Dificilmente poderei abordar todos os seus aspectos. Limitar-me-ei a referir que as emoções estão evolutivamente fixadas porque são utilizadas para resolver tarefas importantes de sobrevivência. Para uma pessoa comum, as emoções são experiências de alegria, medo, raiva, desejo e tristeza. Mas, por detrás de todas as variedades de emoções, existe uma fisiologia e uma bioquímica subjacentes. Por exemplo, considere os mecanismos fisiológicos e as manifestações do medo.
Existe um órgão especial emparelhado no cérebro (a *amígdala)*. Quando o cérebro identifica informações provenientes de diferentes canais sensoriais como uma ameaça, as amígdalas enviam impulsos para as glândulas secretoras das glândulas supra-renais. Estas glândulas aumentam a secreção na corrente sanguínea de duas hormonas importantes, a *adrenalina* e *o cortisol.* Penso que toda a gente já ouviu falar de adrenalina. O cortisol, por outro lado.
está mais associada ao fármaco terapêutico de raiz única hidrocortisona, que tem propriedades anti-inflamatórias. Ambas as hormonas têm uma ação complexa - activam o sistema cardiovascular, a respiração e aumentam a atenção. Ao mesmo tempo, inibem o sistema digestivo e aumentam a coagulação sanguínea. O complexo de reacções de mobilização tem como objetivo proteger o organismo de possíveis danos. Outro componente deste complexo de reacções - o aumento da transpiração - prepara o corpo para a remoção do excesso de calor, inevitável numa luta ou numa corrida. Mas a ativação prolongada das glândulas supra-renais tem consequências negativas típicas do stress: aumento crónico da pressão arterial e do apetite, a pessoa ganha peso. Em situações extremas, as glândulas supra-renais são removidas cirurgicamente. É engraçado, mas depois disso, muitas vezes a pessoa perde completamente a sensação de medo, embora as amígdalas sinalizem o perigo.
-*Compreendi* que as emoções são um assunto sério e delicado.
Uma vez que está a acabar de me educar sobre a vida, não posso deixar de fazer a pergunta mais importante, quase schrödingeriana. Afirma que as células humanas especializadas competem pelo alimento e que a relação entre as células nervosas e as células somáticas efectoras é francamente antagónica. Como é que, então, o organismo multicelular como "projeto" se revelou evolutivamente bem sucedido? Qual é a sinergia das células especializadas?
- Sim, Erwin Schrödinger elogiá-lo-ia por esta profunda questão filosófica.

Mas para lhe responder, vou começar à distância. Os seres humanos e os animais representam apenas um grupo de organismos multicelulares. A multicelularidade apareceu pela primeira vez como organismos mais simples - colónias que viviam em ambientes aquáticos.
A evolução exacta destas formas de vida para organismos vegetais e animais ainda não foi desvendada pela ciência. Mas um exemplo como o de uma árvore ajuda-nos a compreender a sinergia das células especializadas. As folhas assimilam a energia do sol e armazenam-na sob a forma de açúcares. As raízes e os ramos participam neste processo de fotossíntese: as raízes retiram água e minerais dissolvidos, que são transportados ao longo do tronco e dos ramos para as folhas através de túbulos. Sem pelo menos um elo desta cadeia, a planta não viveria. Os frutos da planta, que contêm as sementes que se espalham por intermediários, aumentam as hipóteses evolutivas da planta na luta por um lugar ao sol.
Voltando ao organismo animal, é possível estabelecer uma analogia com a sinergia das células das plantas entre o sistema digestivo e as células que contribuem para a extração dos recursos nutritivos. O cérebro, que organiza este processo, contribui para esta sinergia. A sinergia é reforçada pelo facto de o cérebro contribuir também para a fuga aos predadores. Penso que estes dois aspectos da atividade cerebral ultrapassam largamente as suas aspirações opressivas de suprimir o metabolismo das células efectoras.
- Acontece que, do ponto de vista dos mecanismos evolutivos, a atividade intelectual não relacionada com a sobrevivência da espécie humana é supérflua!
- Por muito lamentável que esta conclusão nos possa parecer, o nosso sucesso intelectual nos domínios da cultura e da ciência é apenas um subproduto da evolução da atual forma de vida dominante. Mas há um pormenor essencial. As condições do nosso planeta, e talvez do sistema solar, não serão sempre favoráveis à vida. Só este subproduto da evolução tem o potencial de preservar a vida da sua própria espécie e de outras espécies, deslocando-as para planetas mais adequados no espaço.

CAPÍTULO 13

Conversa treze

"Exame."

- Como combinámos, hoje serás tu o apresentador. Temos de ver se aprendeste as regras das células e se compreendeste os princípios do corpo humano. Além disso, o exame amigável de hoje deve mostrar se compreendeste as principais causas das doenças de má adaptação que acompanham frequentemente o envelhecimento. Que a vossa resposta a estas perguntas seja a conclusão dos nossos debates. De acordo?

- Concordo. Acho que estou pronto.

- E estou pronto a ouvir com paciência. Com a vossa permissão, farei pequenos comentários ao longo do caminho, se necessário. Vamos lá!

- Ainda não existe uma definição única de vida. Os biólogos concordam apenas que não existe vida sem células. Cada célula é uma máquina bioquímica complexa. Tem estruturas especializadas - organelos, com a ajuda dos quais é capaz de sintetizar as suas próprias macromoléculas para sustentar a vida. Para a biossíntese, a célula necessita de um afluxo de substratos e de fontes de energia. As macromoléculas biológicas são sensíveis às alterações das condições físico-químicas e, sob a sua influência, degradam-se espontaneamente. É apenas porque a taxa de biossíntese excede ligeiramente a taxa de degradação que a célula continua a viver. A célula individual é mortal. Mas a vida como fenómeno persiste porque a célula tem tempo para se reproduzir por divisão. O tempo que decorre entre uma divisão e a seguinte chama-se ciclo celular. Nas diferentes fases do ciclo celular, a taxa de biossíntese não é a mesma e depende do influxo de substratos.

Os resíduos da atividade celular infiltram-se através dos poros da membrana celular no espaço pericelular (geralmente líquido). A membrana celular é uma das principais estruturas da célula, graças à qual é criado e mantido um ambiente físico-químico no citoplasma que difere do ambiente do fluido celular. É devido a esta diferença, mantida por bombas de iões, que a célula é capaz de responder a alterações externas e realizar uma atividade vital óptima (metabolismo). Duas condições prévias são importantes para o metabolismo normal: o fornecimento atempado de nutrientes e a remoção atempada de resíduos metabólicos. Estas condições são importantes não só para um organismo unicelular, mas também para as células de todos os organismos multicelulares. Além disso, foi precisamente para resolver estes problemas celulares básicos nos organismos multicelulares que a evolução criou órgãos especializados e os seus sistemas funcionais.

A vida terrestre que até agora nos é familiar é considerada um fenómeno único. Existem dois tipos de vida: unicelular e multicelular. Embora ambos tenham uma enorme variedade de variações, todas as formas de vida se baseiam numa forma comum de codificar a informação hereditária utilizando um código de quatro dígitos. Este baseia-se em quatro moléculas: adenina, guanina, timina e citosina. De facto, estas moléculas são as "letras" que constituem as "palavras" da vida - os genes. Cada gene tem um comprimento próprio, o que está associado a muitas dificuldades na decifração do genoma do ser humano ou de outros organismos. Os genes formam o ADN, que se encontra no núcleo da célula. A dupla hélice do ADN é constituída por cadeias de moléculas de ARN unidas por adenina, guanina, timina e citosina. A base da replicação do ADN durante cada divisão celular é o facto de a adenina de uma cadeia de ARN corresponder à timina e a guanina à citosina da outra cadeia.

O ADN não é uma macromolécula inteira, está fragmentado em muitas partes - os cromossomas. Cada organismo tem o seu próprio conjunto único de cromossomas. Sabe-se que em cada cromossoma apenas uma pequena parte dos genes está ativa, ou seja, participa na síntese de proteínas. Os restantes genes são chamados "dormentes" ou "silenciosos".

A fiabilidade da cópia do ADN não é absoluta, pelo que ocorrem frequentemente erros de cópia. As alterações aleatórias na estrutura do ADN que são transmitidas às células filhas são chamadas mutações. Pensava-se que eram as mutações que criavam toda a diversidade da vida a partir da célula-mãe original. No entanto, foi agora estabelecido que, para além das mutações, existe um outro mecanismo - epigenético - para transmitir a informação hereditária aos descendentes. Este pode desativar genes activos ou "acordar" genes adormecidos e fazê-los codificar proteínas. Os especialistas já sabem como operar não só genes individuais, mas também o mecanismo epigenético para alterações específicas nas propriedades herdadas.

A vida tem vindo a evoluir há quase quatro mil milhões de anos. Durante mais de três quartos desse tempo, a vida tem-se apresentado sob a forma de uma variedade de organismos unicelulares. Durante os primeiros mil milhões de anos, a célula não tinha núcleo, a forma como a informação hereditária era transmitida às células filhas não era fiável e as mutações frequentes levaram ao aparecimento de novos tipos de células.

Inicialmente, o oxigénio era escasso na atmosfera do planeta e era veneno para os microrganismos anaeróbios. Num dado momento da fase inicial de intensa evolução, surgiram entre as células anaeróbias células que utilizavam a energia da luz solar para fotossintetizar hidrocarbonetos. A glicose produzida a partir dos hidrocarbonetos foi submetida à glicólise anaeróbia para formar duas moléculas de ATP. Um dos subprodutos do metabolismo destas células é o oxigénio, que se acumula progressivamente na atmosfera. Nesta fase da evolução, as mutações deram origem a uma nova forma de vida - um pequeno e belo micróbio. E era belo porque tinha a capacidade de sintetizar ATP a partir de hidratos de carbono e de oxigénio. Foi assim que surgiu a síntese aeróbia de ATP, cujo rendimento é quase 17 vezes superior ao da glicólise anaeróbia.

Depois, no decurso da evolução mais ou menos uniforme da vida, aconteceu outro facto notável. Consistiu no facto de uma das grandes células com um núcleo ter "engolido" este nosso maravilhoso micróbio, que é capaz de extrair benefícios do oxigénio. Além disso, no processo de absorção, a célula não digeriu o micróbio, mas levou uma parte da sua informação genética para si no ADN nuclear, e a outra parte, pequena, cerca de uma centena de genes, permaneceu nesta organela-micróbio. Acabou por ser uma espécie de simbiose entre os dois organismos. Esta organela é conhecida como mitocôndria, muitas vezes referida como a subestação de energia da célula aeróbica. O número de mitocôndrias numa célula é variável: as mitocôndrias são capazes de se multiplicar e fazem-no quando há falta de moléculas de ATP na célula. Quanto maior for o número destas produtoras de ATP, maior será a capacidade energética da célula hospedeira e a sua eficácia. Este foi o pré-requisito energético para a formação de uma nova forma de vida - os organismos multicelulares.

Os biólogos ainda não sabem como é que esta metamorfose ocorreu. Há várias hipóteses. O que é importante para nós é outra: o novo tipo de vida teve de resolver todos os grandes problemas que a vida unicelular tinha encontrado e ultrapassado. Por outras palavras, um organismo multicelular tinha de obter alimentos, assimilá-los, distribuí-los por todas as células que o constituem, responder a ameaças externas e, de alguma forma, reproduzir-se. E tudo isto tendo como pano de fundo o facto de todo este conjunto de funções permanecer em cada uma das células que o constituem. Não é uma tarefa fácil. E já foi resolvida de muitas maneiras. Pelo menos, o direito a tal afirmação dá-nos uma enorme variedade de formas vegetais e animais de organismos multicelulares. Embora cada um deles tenha um "saber-fazer" específico, temos muito em comum com eles. É esta tese que dá aos fisiologistas e bioquímicos o direito de basear os seus estudos sobre o organismo humano em analogias com outros organismos multicelulares.

- Devo dizer que expôs de forma bastante arrojada e imaginativa não só aquilo de que tenho falado nas nossas conversas, mas também utilizou claramente informações adicionais. Bravo!

- Mas não precisas de gritar "Encore!" Eu vou continuar.

Agora sobre o corpo humano. Este contém triliões de células que pertencem a um dos 220 tipos de células. Esta variedade de tipos de células é derivada de um óvulo fertilizado durante o processo intrauterino de desenvolvimento individual - a ontogénese. Um tipo de célula ou especialização é a sua função externa, cujos utilizadores são células de outras especializações. Muitas vezes, aquilo a que chamamos função externa ou objetivo de uma célula do corpo é um subproduto do seu metabolismo ou o resultado de uma resposta a uma influência destrutiva externa.

A principal forma de existência das células de cada especialização é uma colónia (população) de células irmãs. Além disso, numa colónia, as células do mesmo tipo raramente são absolutamente idênticas. As suas diferenças microscópicas determinam as particularidades da resposta de cada célula a uma influência externa comum. Por conseguinte, o funcionamento de toda a colónia é ligeiramente diferente do de uma única célula. Esta propriedade de resposta da população a um sinal externo desempenhou um papel decisivo na organização dos órgãos sensoriais. Mesmo sem aumentar a precisão de um sensor individual, a população de órgãos transforma com sucesso a dinâmica contínua do parâmetro ambiental de entrada em padrões de impulsos enviados para o cérebro.

Em cada uma das nossas células, os circuitos bioquímicos convertem as substâncias químicas de entrada em substâncias químicas que se tornam fontes de energia (ATP) ou blocos de construção para a construção e reparação dos organelos celulares. A reparação é necessária porque as macromoléculas biológicas são instáveis e desintegram-se frequentemente.

A maior parte dos processos biossintéticos requerem energia. Esta é libertada durante a quebra das ligações de fósforo das moléculas de macroenergia (AMP, ADP e ATP). A maior quantidade de energia é libertada durante a degradação do ATP. A glicose, os outros hidratos de carbono, os ácidos gordos e as gorduras são os principais consumíveis a partir dos quais são sintetizadas as macroenergias universais mencionadas, de duas formas (anaeróbica - no citoplasma e aeróbica - nas mitocôndrias). As mitocôndrias, cujo número na célula é proporcional à taxa média de gasto energético, são as principais fornecedoras de ATP. É importante salientar que a homeostase iónica do citoplasma é tão crítica para as células do corpo que, no processo de evolução dos organismos multicelulares, foram selecionados órgãos especiais e respectivos sistemas funcionais para ajudar as células a manter

esta homeostase.
Cada célula possui também mecanismos intracelulares para combater a deficiência de ATP. O mais conhecido é o mecanismo químico de feedback negativo que utiliza o rácio das concentrações de ADP/ATP nas mitocôndrias. Quando este rácio aumenta, a taxa de síntese de ATP aumenta. Este mecanismo rápido optimiza a taxa de síntese de ATP quando as concentrações de ADP e ATP flutuam frequentemente. As próprias mitocôndrias são móveis e sensíveis às concentrações de oxigénio no citoplasma. As mitocôndrias acumulam-se em áreas onde há mais oxigénio. Isto é especialmente importante nas células nervosas com longas ramificações - dendritos e axónios. É nas sinapses que uma parte significativa do ATP é consumida. Existem outros reguladores intracelulares da síntese de ATP, mas o maior papel na luta contra a falta crónica de energia é desempenhado pela área total de mitocôndrias da célula. É por esta razão que o tamanho e o número de mitocôndrias começam a aumentar nas células sob stress prolongado. Isto ocorre, por exemplo, no rim remanescente após a remoção cirúrgica do seu par, nos hepatócitos durante a ressecção parcial do fígado, nas células musculares dos atletas. Assim, o organismo utiliza plenamente este mecanismo intracelular, uma vez que não há necessidade de intensificar a circulação sanguínea ou a respiração. Uma intensificação tão prolongada consome energia e é demasiado dispendiosa para o organismo. No entanto, os problemas celulares envolvem muitas vezes demasiadas células. A resolução destes problemas exige a ativação de todo o organismo ou dos órgãos que estão direta ou indiretamente envolvidos na criação de um ambiente citoplasmático favorável.
Há muitas razões para acreditar que a nossa anatomia e fisiologia são como são, em grande parte porque as nossas células precisavam delas. Em sentido figurado, as nossas células criaram-nos! Esta ideia serve de chave para compreender o funcionamento dos sistemas fisiológicos homeostáticos individuais do corpo e a sua interação com os mecanismos de adaptação do organismo às condições ambientais físicas e químicas estabelecidas. Esta interação explica o aparecimento de cadeias causais que produzem funções fisiológicas únicas que não são próprias de nenhuma célula. Exemplos de tais funções são o ato contrátil dos músculos, o controlo da secreção de substâncias químicas especializadas que servem de secreções do sistema digestivo e de outros sistemas.
A manutenção contínua da vida de cada célula do corpo é uma condição necessária para a sua integridade física e funcional. Todos os tipos de atividade intelectual, atividade neuromuscular, bem como a integração neuro-

humoral de vários órgãos para alcançar a integridade funcional e a existência ativa do organismo seriam impossíveis sem células excitáveis. No processo da nossa evolução, formaram-se órgãos especializados e sistemas funcionais que resolvem com maior ou menor sucesso as tarefas de suporte de vida de cada célula. O papel principal neste caso pertence a três sistemas complexos: digestão, respiração e circulação sanguínea.

O sangue é o fluido complexo constituído por água, elementos formadores (eritrócitos, leucócitos, etc.), substâncias provenientes do sistema digestivo e produtos metabólicos de todas as células do organismo. Uma grande parte destes metabolitos tem influência nos processos das células de outras especializações. Algumas substâncias são inibidoras das transformações bioquímicas, outras são estimulantes. Devido a estas propriedades, o sangue é o mediador de quase todas as reacções fisiológicas de tipo humoral. Os bioquímicos e os fisiologistas descobriram apenas uma parte dos agentes endógenos fisiologicamente activos, pelo que o conhecimento moderno das regularidades da fisiologia humana integradora ainda está longe de compreender as verdadeiras causas de muitas alterações patológicas. A endocrinologia estabeleceu apenas as vias principais dessa integração, mas as suas nuances ainda estão por descobrir.

O local de troca de substâncias entre o sangue e as células são os vasos mais pequenos - pré-capilares, capilares e pós-capilares. Trata-se de vasos porosos, dos quais saem e entram os gases sanguíneos e a água com pequenas substâncias químicas dissolvidas, segundo as leis da difusão. O processo de difusão ocorre devido à diferença nas pressões parciais dos gases, devido à diferença nas concentrações das substâncias e devido à diferença nas pressões do fluido. O valor da pressão sanguínea capilar é a base que determina o valor da pressão arterial média, tendo em conta a sua queda para vencer a resistência das artérias e arteríolas. Daí o feedback negativo entre as células não satisfeitas com o influxo de nutrientes e oxigénio necessários, por um lado, e a pressão arterial, por outro. Por outras palavras, ao aumentar a tensão arterial, o organismo melhora o metabolismo celular. Mas este é apenas um dos mecanismos de otimização da atividade vital das células. Em caso de deficiência de ATP causada por hipoxia, todos os mecanismos de aumento da concentração de oxigénio no sangue que entra resolvem o problema sem aumentar a pressão arterial. Por outras palavras, a intensificação da ventilação dos pulmões, o aumento das suas dimensões geométricas (em casos crónicos de hipoxia), o aumento do número de eritrócitos no sangue levam a um efeito geral - a eliminação da hipoxia hipóxica.

Em caso de hipoergia por carência de hidratos de carbono, é ativado um outro

mecanismo de várias fases que visa a intensificação da síntese de AMP.
O papel especial do sangue como transportador de tudo o que é necessário para as células ou que interfere com a sua atividade vital óptima fez com que o sistema cardiovascular participasse em quase todos os mecanismos de suporte da vida. A evolução selecionou uma série de mecanismos nervosos e humorais que regulam a pressão arterial. A base biofísica desta regulação é a sensibilidade da pressão às alterações de certos parâmetros do sistema cardiovascular: função de bombagem do coração, resistência hidráulica e tónus vascular e volume sanguíneo. Qualquer regulação da pressão arterial é reduzida para diminuir ou aumentar o valor atual destes parâmetros.
Os valores actuais dos parâmetros desenvolveram-se de tal forma que as necessidades médias a longo prazo das células do corpo são satisfeitas de forma óptima sem a ativação do cérebro. Se os consumidores da função circulatória aumentarem ou diminuírem constantemente as suas necessidades em termos de fluxo sanguíneo, o mecanismo de adaptação leva lentamente os parâmetros do sistema cardiovascular a novos valores óptimos.
A coexistência óptima de células num único organismo consiste em reduzir ao mínimo o número de células que apresentam problemas metabólicos. Quando estes problemas ocorrem, devido à falta de energia e/ou à contaminação citoplasmática, algumas das transformações bioquímicas das células são interrompidas. Os agentes químicos intermédios que permanecem na célula ou que são libertados na linfa e no sangue reorganizam de tal forma os modos de funcionamento dos órgãos do corpo que o restabelecimento do metabolismo celular ótimo é assegurado no mais curto espaço de tempo possível.
Tanto os factores externos como os internos podem ser perturbadores de um metabolismo ótimo. O principal fator interno de perturbação do repouso celular é o cérebro. Ao enviar impulsos estimulantes ou inibitórios aos órgãos para organizar o seu funcionamento combinado, o cérebro perturba o curso natural do metabolismo das células desses órgãos. Este modo de funcionamento é destrutivo para as células, pelo que não pode durar muito tempo. Graças a mecanismos intracelulares antigos, as células deixam rapidamente de obedecer às ordens do cérebro e entram em modo de recuperação.
Pelo que sei, grande parte do corpo está orientada para a construção do tipo de estrutura que satisfaz as necessidades das células, minimizando o gasto de energia. Um exemplo é o processo constante de formação de novos vasos microscópicos em situações de escassez crónica de energia a nível regional. Como a evolução preservou muitas formas de atingir uma função de objetivo

comum, a otimização é sempre multiparamétrica.
- Notarei que este auto-ajustamento adaptativo de cada organismo às condições crónicas da sua existência aumenta automaticamente a contribuição dos mecanismos que produzem o maior efeito. Mas também lembrarei que, no processo de ontogénese, cada indivíduo forma a sua própria combinação óptima individual destes mecanismos. É por isso que insisto que é impossível avaliar a saúde de todas as pessoas através de um teste comum. Cada pessoa tem o seu próprio quadro paramétrico individual de saúde. Embora este quadro possa mudar em diferentes alturas da vida, uma pessoa permanece saudável!
Assim, não existem células maiores e menores na comunidade das nossas células. A saúde humana é a coexistência óptima das suas células. Qualquer desvio a esta regra das células dá origem a uma patologia.
As mitocôndrias, que fornecem energia à célula aeróbica, estão muitas vezes envolvidas nas reacções de defesa do organismo. O tamanho reduzido do genoma das mitocôndrias e os actos frequentes da sua cópia conduzem à acumulação de mutações nas mitocôndrias relacionadas com a idade e a um défice de energia, devido ao qual algumas células do organismo morrem. A diminuição do número de células em qualquer uma das suas populações exclui a suavidade da distribuição das anisotropias celulares. A antiga interação suave entre as populações (órgãos) transforma-se numa interação em forma de salto. Os picos frequentes da tensão arterial e o mau estado de saúde são manifestações vivas deste modo nos idosos.
- Bem. Acho que passaste no exame. Obrigado por terem ouvido e recordado. Espero que este conhecimento adquirido sobre o homem e as suas células seja útil.
- Eu é que devia agradecer-lhe por ter aceitado falar comigo sobre um tema tão quente, que é a saúde na nossa idade.
Já que a vida é assim, vamos ser saudáveis!

Em vez de um epílogo

Desde o nascimento que estamos rodeados de pessoas. No início, são os pais e a família. O círculo de pessoas com quem cada um de nós estabelece relações alarga-se com o passar dos anos. É assim que nos formamos como membros de uma sociedade que tem as suas próprias regras: algumas relações entre pessoas são encorajadas, outras são tabu. É assim que se organizam não só as comunidades humanas, mas também as comunidades animais.

Como elemento da sociedade, cada membro é um ser biossocial. Suponho que, antes de ler este livro, não tinha pensado muito na sua natureza biológica. Quando lhe fizeram a simples pergunta "Como é a vida?", a primeira coisa que lhe veio à cabeça foram acontecimentos relacionados com os seus assuntos sociais. Historicamente, o social domina o biológico nas nossas mentes. Não creio que pensar nas células que o constituem tenha sido a sua primeira associação com o título do livro "A vida é assim". Agora tem uma nova - uma visão interior da vida. Ela vai mudar-te.

Normalmente, uma sociedade constrói regras para a coexistência dos seus membros. O indivíduo aceita-as ou abandona-as. Um organismo multicelular é um tipo especial de sociedade: as células que o constituem não têm escolha. Muitas vezes, uma comunidade animal tem uma estrutura hierárquica com um indivíduo dominante no topo. A história da humanidade sugere que não estamos muito longe do mundo animal. Durante muito tempo, a humanidade existiu como pequenos grupos de parentes que competiam por território e recursos. Depois, surgiram grupos étnicos maiores com os seus próprios líderes, mas as rixas e os ataques aos vizinhos continuaram mesmo quando se formaram Estados com base em grupos étnicos. Só o primeiro império da Mesopotâmia conduziu os povos dessa região a uma paz duradoura e à prosperidade sociocultural. O papel útil da nova organização da sociedade é também confirmado por outros impérios isolados que surgiram cerca de cinco mil anos antes de nós nas bacias dos rios Nilo, Ganges, Huang He e Yangtze. No entanto, mesmo a forma imperial de governo não estava isenta de vícios biológicos humanos e deu inevitavelmente origem ao despotismo, à escravatura e à opressão da personalidade dos subordinados.

Sabe-se que, em diferentes épocas e impérios, houve pensadores que propuseram formas de governo mais justas, do seu ponto de vista. Duas dessas formas são mais conhecidas: o confucionismo no Oriente e a democracia na Grécia antiga. No entanto, nem Confúcio (551-479 a.C.), nem o pai da democracia, Platão e o seu discípulo Aristóteles (século IV a.C.) podiam sequer pensar que certas qualidades inerentes ao homem são condicionadas pela sua estrutura interna. Mais de dois mil anos depois, a ciência comprovou a estrutura celular dos organismos. Mas, mesmo após a constatação deste facto, o papel preponderante das células humanas na formação da sua personalidade biossocial é frequentemente ignorado. Assim, os famosos ideólogos e políticos do comunismo acreditavam que a essência do homem podia ser radicalmente alterada através da educação. De facto, inculcar a um jovem membro da sociedade novos ideais e valores sociais muda algo na sua personalidade. Mas não tudo. Na minha opinião, esta ideia continua a ser subestimada no mundo moderno. Em vez de a vida ser um valor universal incondicional, os sistemas de valores locais dominam em Estados com diferentes sistemas religiosos e político-legais. Embora cada um desses sistemas seja internamente coerente, surgem problemas na intersecção de diferentes sistemas. Além disso, o conflito militar nem sempre é causado por um interesse económico violado. Há um número crescente de defensores da ideia de que são necessárias mudanças fundamentais na nossa biologia....

A ciência elucida padrões na realidade que nos rodeia. A forma como as verdades científicas serão utilizadas depende dos utilizadores. Os engenheiros precisam destes conhecimentos para desenvolver dispositivos úteis que tornem a vida mais fácil, mais interessante e mais confortável. Os médicos utilizam os conhecimentos científicos para desenvolver tecnologias médicas que reduzam o sofrimento humano e prolonguem a vida. No entanto, nas mãos dos canalhas, o conhecimento científico, a engenharia e a tecnologia médica tornam-se um meio de satisfazer instintos animais doentios e ambições de domínio. Enquanto a vida continuar a ser assim, só uma moral pública esclarecida e leis humanas poderão pôr termo a essas aspirações animais.

Fui recentemente convidado a deslocar-me à Alemanha para falar a um grupo de potenciais investidores que apoiam o desenvolvimento de tecnologias e dispositivos médicos. Estavam interessados em saber se o meu entendimento do corpo humano como uma comunidade de células especializadas poderia contribuir para o nascimento de novas tecnologias médicas translacionais e inovadoras. A carta sublinhava que o interesse particular dos investidores se prendia com três aspectos:

1. As células sensoriais podem ser modificadas para se aperceberem de caraterísticas físico-químicas adicionais do ambiente interno e/ou externo?

7. É possível extrair informação sobre o estado energético de cada célula para criar tecnologias de diagnóstico precoce de problemas celulares e sua correção?

3. Como devem ser desenvolvidas as tecnologias de medição da química do

sangue venoso para detetar manifestações precoces de patologias dos órgãos? Estou interessado na proposta. Estou a trabalhar no relatório. Talvez escreva mais sobre os resultados desta reunião.

As principais monografias e publicações em revistas de fisiologia em que o autor fundamentou cientificamente as disposições deste livro:

1. Grigoryan R.D. Self-organisation of homeostasis and adaptation (Auto-organização da homeostase e adaptação). Kiev (2004), ISBN 966-8002-99-7.
2. Grigoryan R.D. Biodynamics and models of energy stress (Biodinâmica e modelos de stress energético). Kiev (2009). ISBN 978-966-02-5393-3.
3. Grygoryan R.D. The energy basis of reversible adaptation (A base energética da adaptação reversível). N.Y., EUA, (2012). ISBN 978-1-6208-093-4.
4. Grigoryan R.D., Lyabakh E.G. Pressão arterial: Repensar. Kiev (2015). ISBN 978-966-02-7781-6.
5. Grigoryan R.D. O paradigma da arte-rial "flutuante" Pressões. Düsseldorf, Alemanha (2016). ISBN: 978-3-659-60433-1.
6. Grygoryan R.D. A circulação óptima: a contribuição das células para a pressão arterial. N.Y., EUA, (2017). ISBN 978-1-53612-295-4.
7. Grygoryan R.D., Sagach V.F.. O conceito de supersistemas fisiológicos: Nova etapa da fisiologia integrativa. Revista Internacional de Fisiologia e Fisiopatologia, (2018): 9,2, 169-180.
8. Grygoryan R.D. The Optimal Coexistence of Cells: How Could Human Cells Create The Integrative Physiology. Jornal de Fisiologia Humana. (2019).l:8-25.
9. Grygoryan R.D. Milestones of the Modeling of Human Physiology (Marcos da Modelagem da Fisiologia Humana). Journal ofHumanPhysiology. (2019).l:8-25.
10. Grygoryan R.D. Several Theoretical and Applied Problems of Human Extreme Physiology: Mathematical Modeling (Vários Problemas Teóricos e Aplicados da Fisiologia Extrema Humana: Modelação Matemática). Jornal de Fisiologia Humana. (2021).3,2:57-70.
11. Grygoryan R.D. Modeling of Mechanisms Providing the Overall Control of Human Circulation (Modelação dos mecanismos que asseguram o controlo global da circulação humana). Avanços na investigação em fisiologia humana. (2022), 4,1,.5-21.

Anotação

Grigoryan R.D. "Conhece-te a ti próprio: sinergia e antagonismo das células". 2024,- 214 c.

Ciência popular A monografia é dedicada à fisiologia seres humanos. Através de diálogos com um especialista em inteligência artificial, um fisiologista descreve os princípios básicos do organismo. Pela primeira vez, o organismo é considerado como uma comunidade de 220 tipos de células egoístas. Todas as células do corpo (e há cerca de 50 triliões delas) competem por recursos comuns. Nenhuma célula "quer" trabalhar para outra célula, pois isso exige o dispêndio da sua energia limitada. No entanto, os produtos da atividade vital de alguns tipos de células acabaram por ser úteis para outros. Assim, no decurso da evolução, surgiram cadeias de sinergia e retroacções. Essas cadeias causais entre diferentes tipos de células (por exemplo, neurónios e células musculares, neurónios e células secretoras), em resultado das quais o organismo escapava aos predadores ou obtinha alimentos, também se revelaram úteis para o organismo. A evolução preservou apenas as espécies cujas células tinham a capacidade de contrariar o "despotismo" do cérebro e restaurar o metabolismo ótimo. Os seres humanos são saudáveis enquanto os mecanismos bioquímicos e fisiológicos a vários níveis assegurarem um compromisso entre as células efectoras e o cérebro, o principal organizador da resposta comportamental. É demonstrado como as doenças de evolução lenta da idade estão associadas a perturbações deste compromisso.

Esperemos que o domínio do conhecimento das regras fundamentais da coexistência celular nos ajude a não as violar e a sermos saudáveis.

MIX
Papier aus verantwortungsvollen Quellen
Paper from responsible sources
FSC® C105338

Printed by Books on Demand GmbH, Norderstedt / Germany